きみは科学者

試そう 考えよう 作ろう

きみのアイディアを書きこもう

イラスト
ハリエット・ラッセル

監修
左巻健男

東京書籍

26ページの問題
「キツネとニワトリと麦」の答え

ジョンはまずニワトリをボートに乗せて川をわたる。キツネと麦は岸に残す。ニワトリを向こう岸に下ろしてもとの岸にもどる。

こんどはキツネを乗せて川をわたる。向こう岸についたらキツネを下ろし、ニワトリを連れてもとの岸にもどる。

もとの岸にニワトリを下ろし、麦を乗せて川をわたる。キツネのいる向こう岸に麦を下ろし、最後にもう一度もとの岸にもどってニワトリを連れてくる。

With special thanks to Toby Parkin, Natalie Mills, Thomas Woolley and Harry Cliff.

Published by arrangement with Thames & Hudson Ltd, London
through Tuttle-Mori Agency, Inc., Tokyo

Produced in association with Science Museum, SCIENCE MUSEUM ® SCMG

The activities in this book were inspired by Wonderlab:
the Statoil Gallery at the Science Museum, London. www.sciencemuseum.org.uk

This edition first published in Japan in 2017 by Tokyo Shoseki Co., Ltd. , Tokyo

---

きみは科学者

2017年9月15日　第1刷発行

イラスト　ハリエット・ラッセル
日本語版監修　左巻健男

翻訳　小寺敦子
翻訳協力・DTP　リリーフ・システムズ
装丁　長谷川理（フォンタージュギルドデザイン）

発行者　千石雅仁
発行所　東京書籍株式会社
〒114-8524　東京都北区堀船2-17-1
電話　03-5390-7531（営業）
　　　03-5390-7506（編集）
https://www.tokyo-shoseki.co.jp

ISBN 978-4-487-81080-2　C0040

Printed and bound in China by Everbest Printing Co. Ltd

乱丁・落丁の場合はお取り替えいたします。

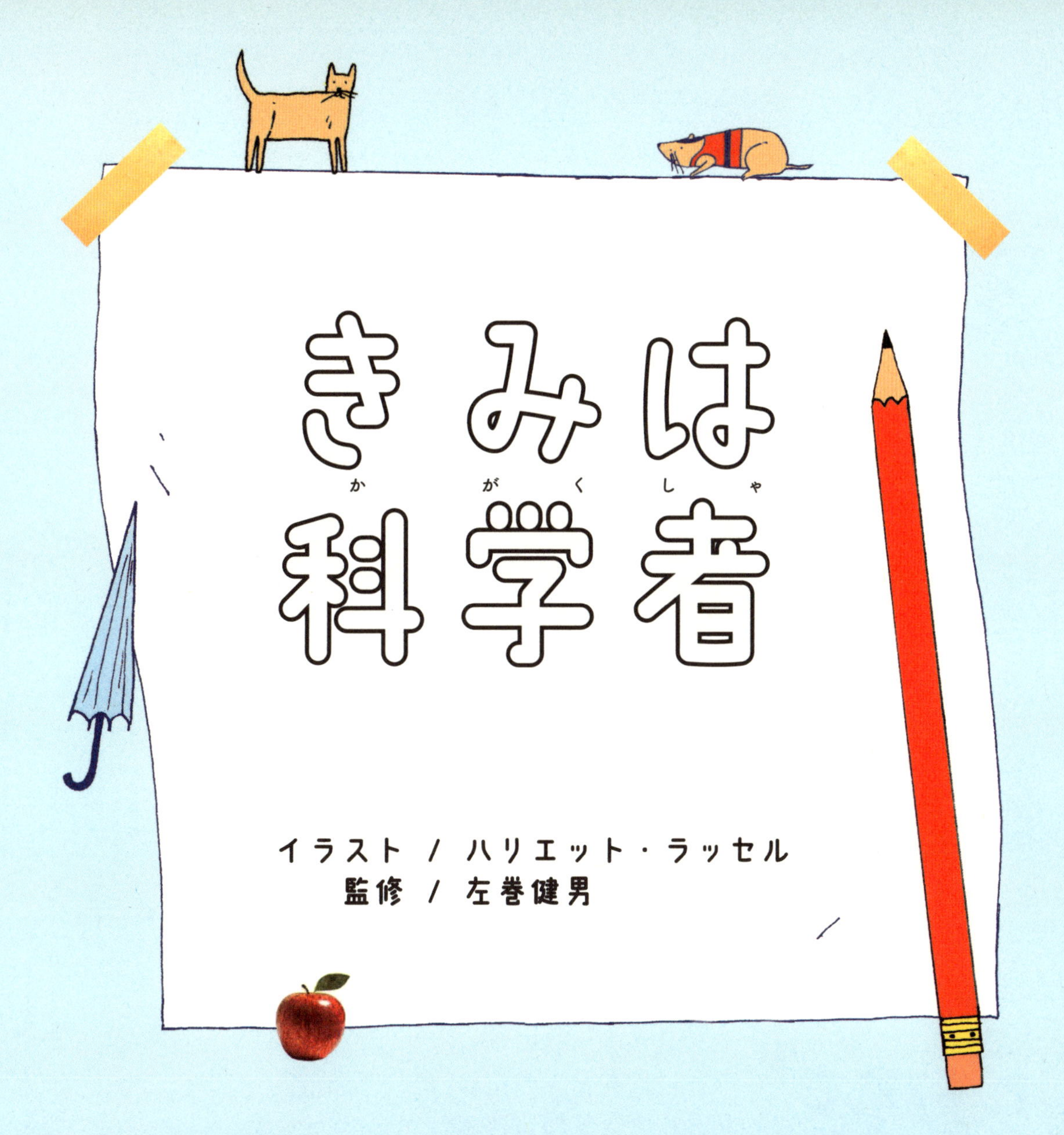

きみは科学者

イラスト / ハリエット・ラッセル
監修 / 左巻健男

科学者になるのに、試験管もガスバーナーもややこしい機械もいらない。やるべきことはたったの3つ。自分のまわりをしっかり**見る**、注意深く**観察する**、そしてわからないことは**質問する**。

観察に慣れると、今まで見過ごしていた**決まり**や小さなことに気がつくようになる。どうしてそうなるのかと**疑問**を持ちはじめ、答えを思いつく。そして、思いついたことが合っているかどうかを**試して**みれば——ほら、きみはもうりっぱな科学者だ!

物の見方

力と運動

数学の時間です

$E=mc^2$

地球と宇宙

光

物の性質

音

電気と磁力

ようこそ！　ここはきみの実験室

物の見方 / その1

まずはイメージから

好奇心いっぱいのきみ、マントをつければスーパー科学者だよ!

やってみよう!

スーパー科学者にふさわしい
服や持ち物は何だろう。
デザインしてみよう!

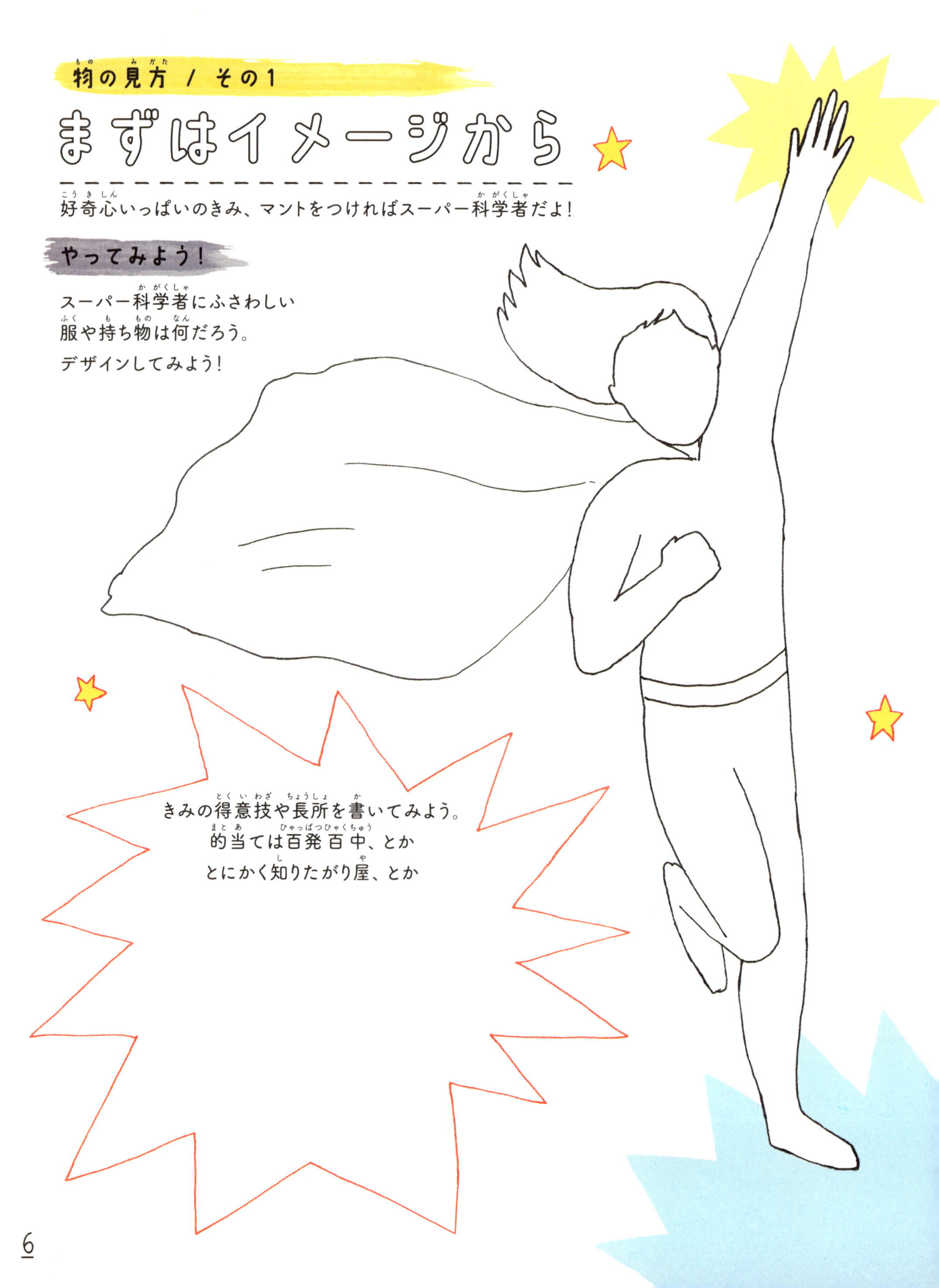

きみの得意技や長所を書いてみよう。
的当ては百発百中、とか
とにかく知りたがり屋、とか

スーパー科学者らしい持ち物を考えて、
描いてみよう。
何でも測れる万能光線銃なんてどう？

物の見方 / その2

物の達人になる

やってみよう！

1

家の中を見回して、何でもいいから1つ物を選ぶ。

2　その物体の絵をなるべく詳しくここに描こう：

この物体のすべての部分に名前をつけて、言葉で説明してみようあんまりじぃっと見つめると目が疲れるよ…

…そういうときは
虫めがねを使おう。

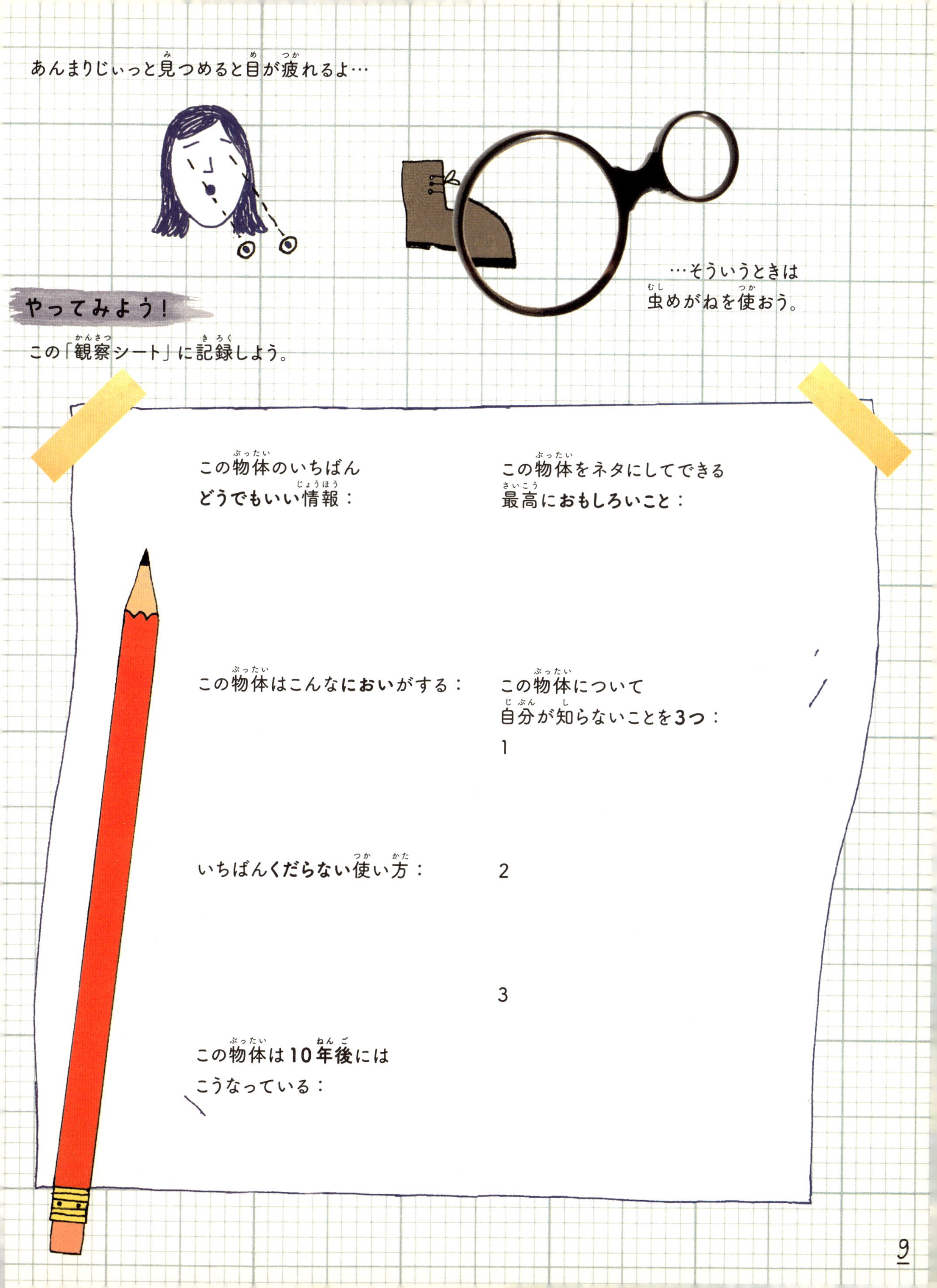

やってみよう！

この「観察シート」に記録しよう。

この物体のいちばん
どうでもいい情報：

この物体はこんな**におい**がする：

いちばん**くだらない**使い方：

この物体は**10年後**には
こうなっている：

この物体をネタにしてできる
最高に**おもしろいこと**：

この物体について
自分が知らないことを**3つ**：

1

2

3

物の見方 / その3

物の記録をつける

絶対に守ってほしいこと
自分の物以外は
実験に使っちゃだめだよ!
家庭の平和のためにも、実験するときは、
お父さんやお母さんに言ってからにしよう。

やってみよう!

きみが選んだ物体を科学的に調べるよ。
測る方法・調べる方法を見つけて、
ここに書こう。

重さは?

....

温度は?

....

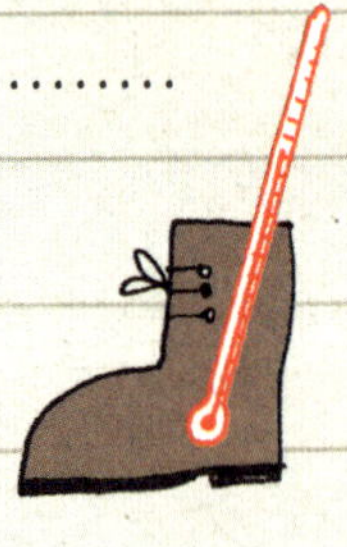

落としたらはずむ?
何センチくらい?

....

光を反射する?
しない?

反射する / 反射しない

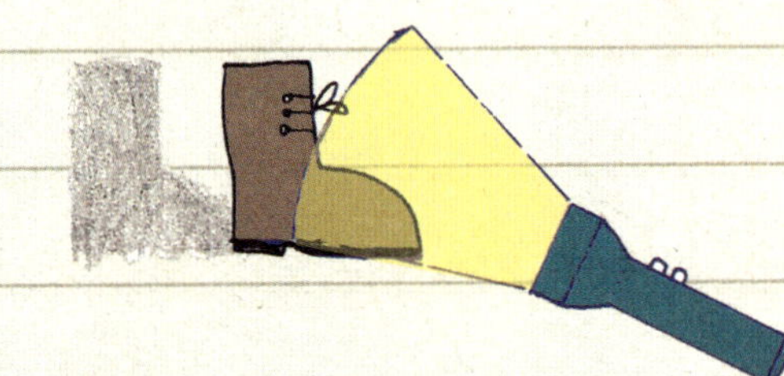

冷凍すると変化する?

変化する / 変化しない

やってみよう！

物体によっては正確には測れないこともある。
測る代わりにだいたいの大きさや量を予想することを、「見積もる」と言うんだ。

とても大きな物を見積もるときの楽しい方法を考えて描こう。例えば…

きみの家にはゾウが何頭入る？

ニューヨークの自由の女神像を雨から守るには、カサが何本あれば足りる？

力と運動 / その1

走りながら描く

やってみよう!

家のまわりや公園を走って、
見える物をこのページに描いてみよう。
ルールは1つ——**走りながら**描く!

ものすごく気をつけて!
走っているときはまわりに注意。
人や街灯にぶつかったり、バナナの皮や
ネコをふんづけたりしないように……

走りながら描いたきみの絵はどうなった？

歩きながら、走りながら、ジャンプしながら、まっすぐな線をここに引いてみよう。

歩きながら線を引くと…

走りながら線を引くと…

ジャンプしながら線を引くと…

どうしてそうなる ？

歩いたり走ったりするとき、きみの足は地面を押していると同時に、地面が下から足を押しているんだ。下に押す力が強いほど、下から押される力も強くなるんだ。このように、力は常に「作用」と「反作用」というセットになっている。

体はどこまで傾くか

とってもあぶないから
絶対けがをしないようにね！

やってみよう！

1 倒れても痛くないように、やわらかい物をたっぷり置く。
体を傾けるときはけがに気をつけて。

2 体をどこまで傾けられた？　これ以上無理、となるのはどのくらいの角度？

傾いた角度を測るにはどうすればいい？

意外と難しいね……
「いち、にい、さん！」と
ゆっくり数えながら傾いてみる？
自分専用の傾き測定器を作るのもいいかも！

傾き測定器（分度器）

両足以外で体を支える場合を考えてみよう。
体のほかの部分でバランスをとるということだよ。

やってみよう！

バランスをとるポーズに挑戦、
難しさを1～10で表してみよう。

スーパーマンのポーズ

□ 1＝やさしい
10＝難しい

体操選手のポーズ □

空気いすのポーズ □

倒立のポーズ □

鳥のポーズ □

どうしてそうなる？

どんな物にも（人間の体にも）「重心」があるよ。この一点（重心）を中心に、重さを均等に分散させて、うまくバランスをとっている。きみが体を傾けると、きみの重心は足から真上にのばした線の上からずれてしまう。するときみは体重を支えられなくなって、倒れてしまう。

重力を発見したアイザック・ニュートン

力と運動 / その3

コインですべり台

やってみよう！

1

家の中を探して、種類の違ういろいろな実験材料を集める。例えばアルミホイルとか、ラップとか、布きれとか。細長く切ってのりをつけ、このページのすべり台に貼りつける。

2

本を傾けて持ち、コインのどちらかの面を上にしてすべらせる。いちばん速くすべるのは、どのすべり台かな？

どうしてそうなる？

摩擦というのは、物が動くのをじゃまして遅くする力のこと。すべる表面の性質によって、摩擦力も変化する。表面がなめらかなほど、摩擦力は小さくなるよ。

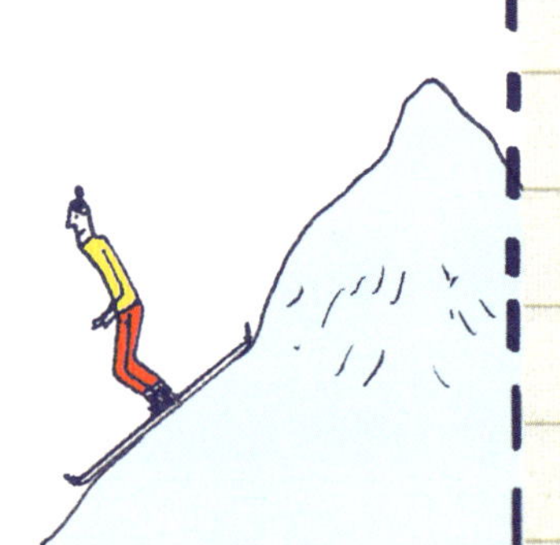

集めた実験材料を貼りつけよう

貼った物 ……………………

ほかの材料も探してみよう。
コインがすべる速さは変わったかな？
貼った物
貼った物

力と運動 / その4

この本を動かす

やってみよう!

今読んでるこの本を、なるべく遠くまで一気に動かす方法を発明しよう。きみが知っている「力」を思い出して、それを使ってみるんだ。

吹いてみる?

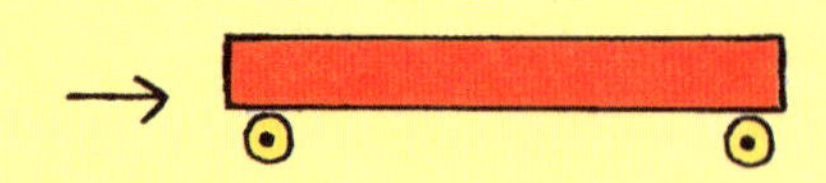

動かすのにほかの物を利用するのはどう?
えんぴつを車輪のように使ってころがしてみるとか?

定規をてこみたいに使って持ち上げる?

飛ばしてみる?

シーソーを作ってみる?

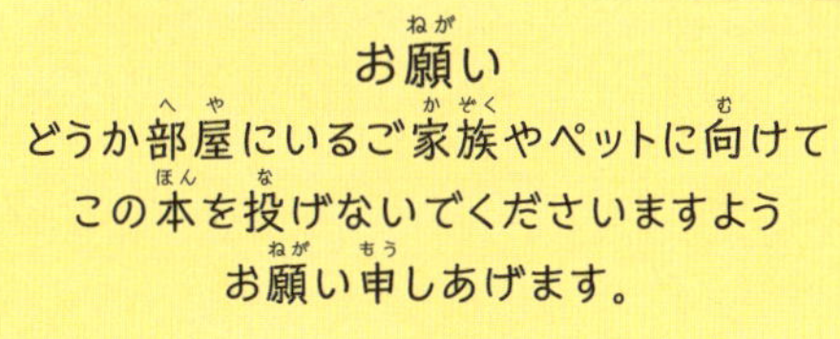

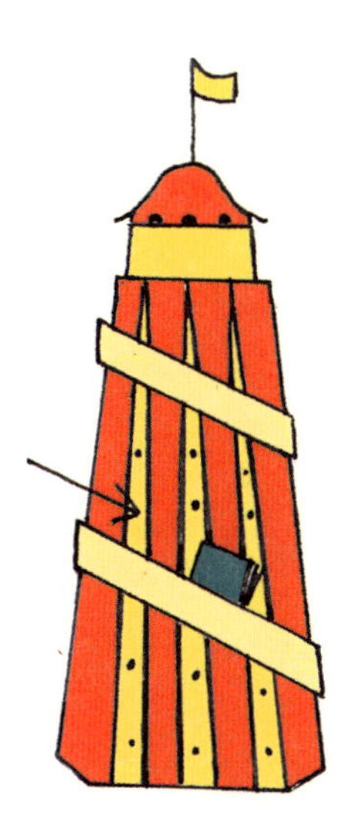

すべらせる？

きみが考えた本を動かす方法を描こう

ころがす？

どうしてそうなる ？

動いている物は「勢い」（慣性）を持っている。摩擦とか空気抵抗のようなほかの力によって止められない限り、そのまま動き続けるものなんだ。

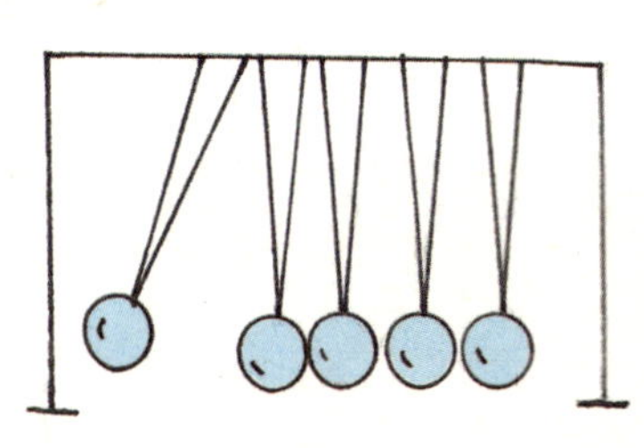

数学の時間です / その1

フラクタルな図形

やってみよう！

このシダの絵に等間隔で枝を描き足そう。
その枝からまた小枝を生やし、
その小枝にもっと細い小枝を生やし……。
どうなるかな？

どうしてそうなる ?

フラクタルな図形は「自己相似」といって、どんな小さな一部分の形も全体の形と同じ形になっているんだ。

フラクタルな図形は自然界にはたくさんあるよ。例えば前のページのシダがそうだ。まず全体を見てごらん。次に、枝についた小枝を見て、そしてその小枝についたもっと細い小枝を見てごらん。右の貝がらも同じように、フラクタルな図形になっているね。

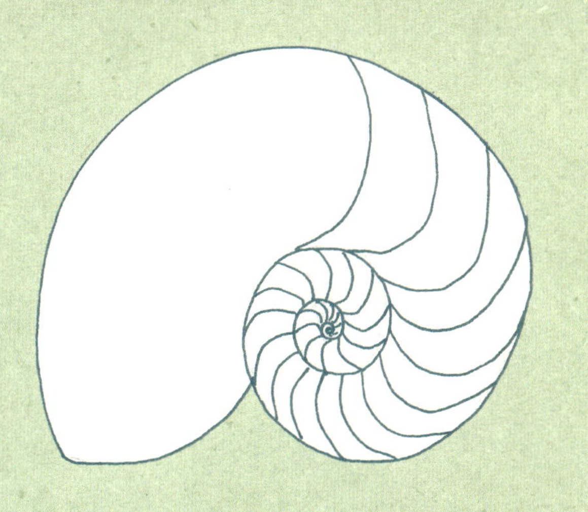

やってみよう!

「シェルピンスキーの三角形*」を描いてみよう。正三角形の真ん中に上下逆にした正三角形を描く。逆三角形のまわりにできた正三角形それぞれの真ん中にまた逆三角形を描く。それをくり返して、小さくて描ききれなくなるまで描こう。

＊自己相似的な無数の三角形からなるフラクタル図形

数学の時間です / その2

バスに乗客をつめこむ

乗客を立ったり座ったり横にしたりして、
できるだけたくさんつめこんでみよう。

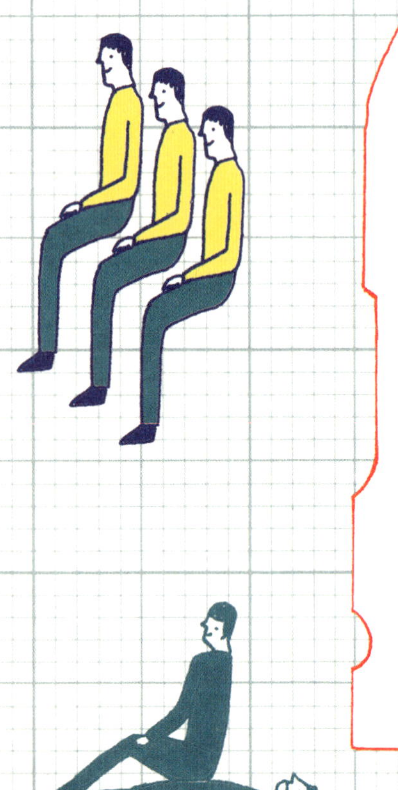

体を曲げたりよじったり、変な格好でも
いいからつめこんでみよう。

やってみよう！

1 まずはここでバスの乗客を描く練習をする。

2 さあ、上のバスの中を満員にしよう。

どういうこと？

ある形を、となりどうしすきまなく敷きつめることは、「切りばめ細工」や「モザイク細工」と呼ばれていて、とても奥深い問題なんだ。英語では「テセレーション」とも言われる。

やってみよう！

73ページ上の実験用紙から型を切りぬこう。その型をなぞって、ここに切りばめ細工を描いてみよう。

切りばめ細工 お試し用紙

やってみよう！

どの形を使うとうまく敷きつめられるかな？　すきまができてしまうのはどれ？
うまくはまる形、はまらない形……左の顔マークで評価してみよう！

パズルで塗り絵

例えば、これは3色で塗り分け可能だよ。

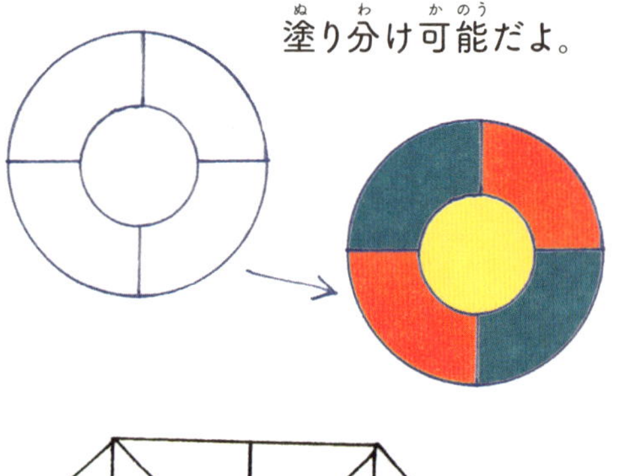

やってみよう!

下の図形を同じ色がとなり合わないように、なるべく少ない数で塗り分けよう（角だけなら同じ色と接していてもOKだよ）。

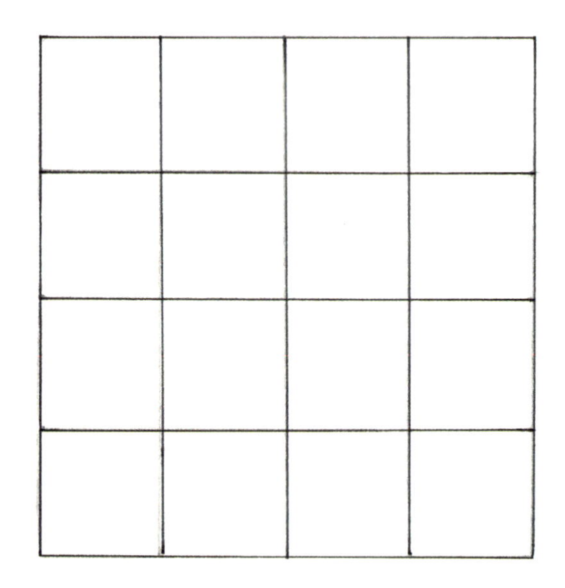

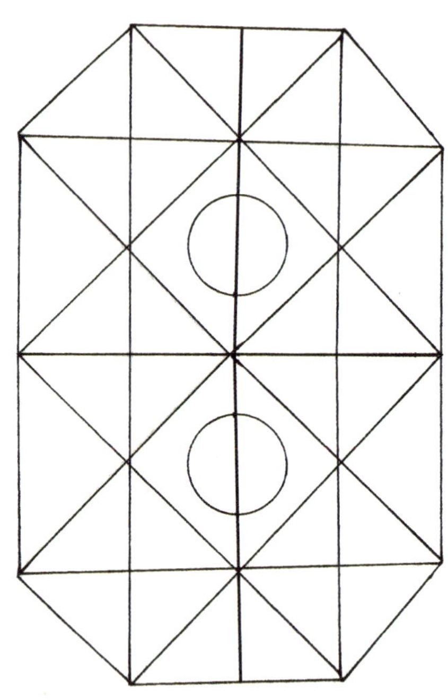

何色で塗れた？

このくねくねした線の内側も、上と同じように塗り分けてみよう

最大で何色必要？

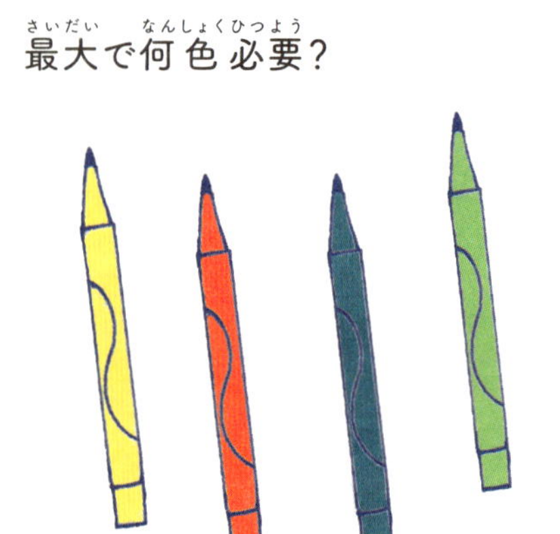

やってみよう！

きみもここにくねくねした線を描いて、
できた図形をなるべく少ない色で塗り分けよう。

どういうこと？

どんな形でも、4色あれば塗り分けられるんだ。ほんとだよ！
数学では「4色定理」として説明されている。

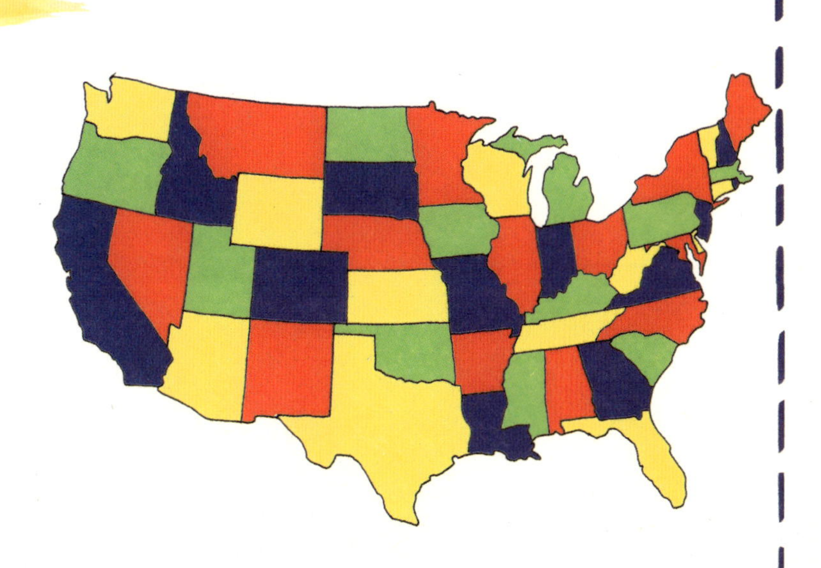

数学の時間です / その4

キツネとニワトリと麦

やってみよう！

農夫のジョンに知恵を貸そう。ジョンはキツネとニワトリと麦を向こう岸に運びたい。ボートがあるけど、そのボートは一度に自分ともう1ぴき（または1わ、または1ふくろ）しか乗せられない。

もしニワトリとキツネを残したら、キツネがニワトリを食べる。もしニワトリと麦を残したら、ニワトリが麦を食べる……

向こう岸でも同じ組み合わせでは同じことが起きる。

さあ、ジョンはどうしたらいい？

→答えは2ページ

難しい？
ジョンとキツネ、ニワトリ、麦の絵を別の紙に小さく描いて切りぬいて使いながら考えてみてはどうかな？　こっちの岸とあっちの岸を行ったり来たりさせながら問題を解いてみよう。

これって数学？

これは学校で勉強する数学とは少し違うように見えるかもしれない。計算も数も出てこないからね。でもこういう論理的思考は、数学の大切な一分野なんだ。例えばコンピュータのプログラミングのように、数学の中でも実社会に直接役立っている部分なんだよ。

地球と宇宙 / その1

新しい星座を作る

やってみよう！

このページの星空に、星を線で結んで、きみが考えた星座を描いてごらん。夜になったら空を見て、きみの作った星座を探そう。

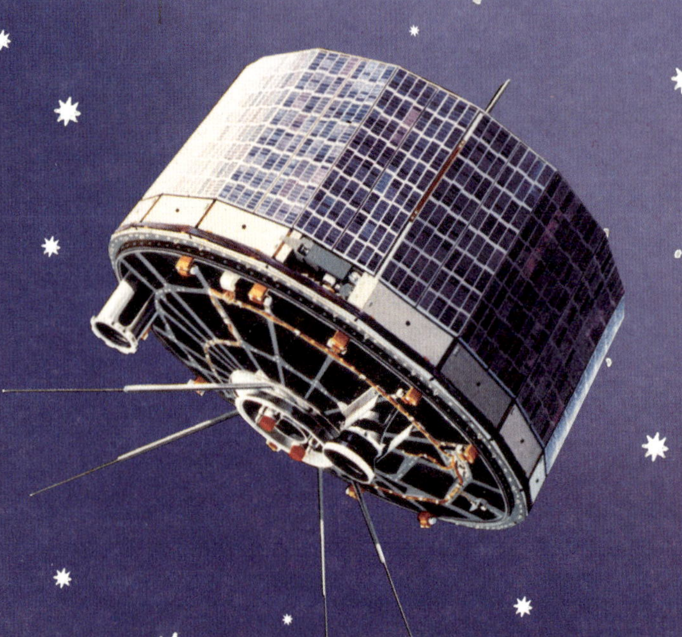

星座はどうやってできたの？

今きみがやってみたように、人間は昔から星をつないで星座を作り、名前をつけてきた。星は季節によって位置を変えるので、人々は星座の位置を見て種まきの時期や穀物を収穫する時期を知ったんだ。

地球を動かす

やってみよう!

今からきみは悪の天才科学者だ。下のコマに、悪の技術を使って地球を太陽に近づけたり遠ざけたりするマンガを描きこんでみよう。

このマンガのタイトルは?

きみはまず最初に何をする?

北極や南極で何が起きる?

きみの住む街はどうなる?

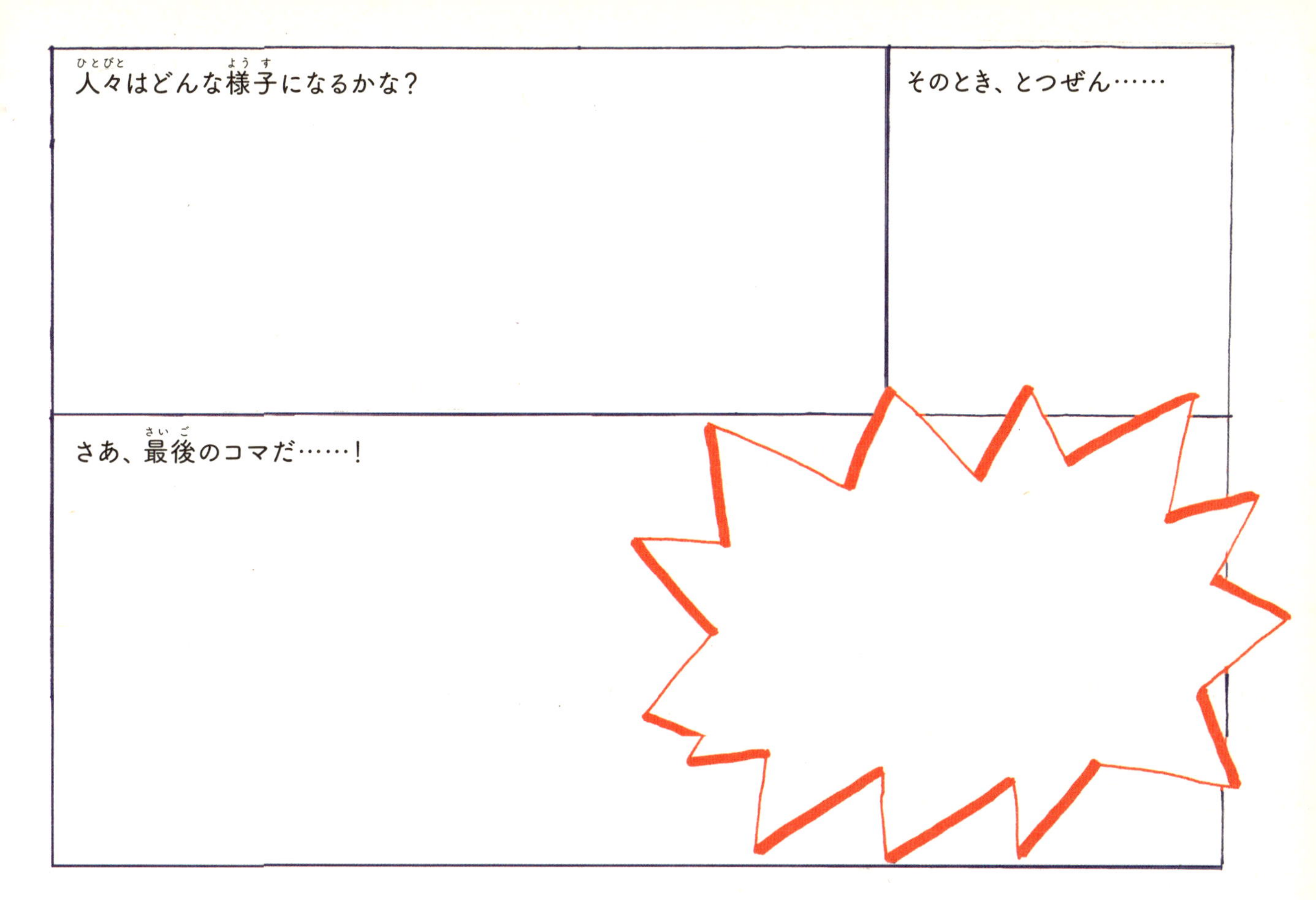

地球を動かすとどうなる ？

生命に欠かせない水。幸運なことに、地球は太陽系の中でも特別な位置にいる*。太陽までの距離が、地球上のすべての水がこおりつくほど遠くなく、蒸発してしまうほど近くはないからだよ。

＊童話『三びきのくま』で、ゴルディロックスという女の子がちょうどよい熱さのおかゆを食べたのにちなんで、この位置を「ゴルディロックス・ゾーン」と呼ぶこともある。

地球と宇宙 / その3

月を詳しく描く

やってみよう！

外に出て月を見よう。
望遠鏡か双眼鏡を持っていたら使ってみてもいいね。
月面の模様を調べてここに描こう。

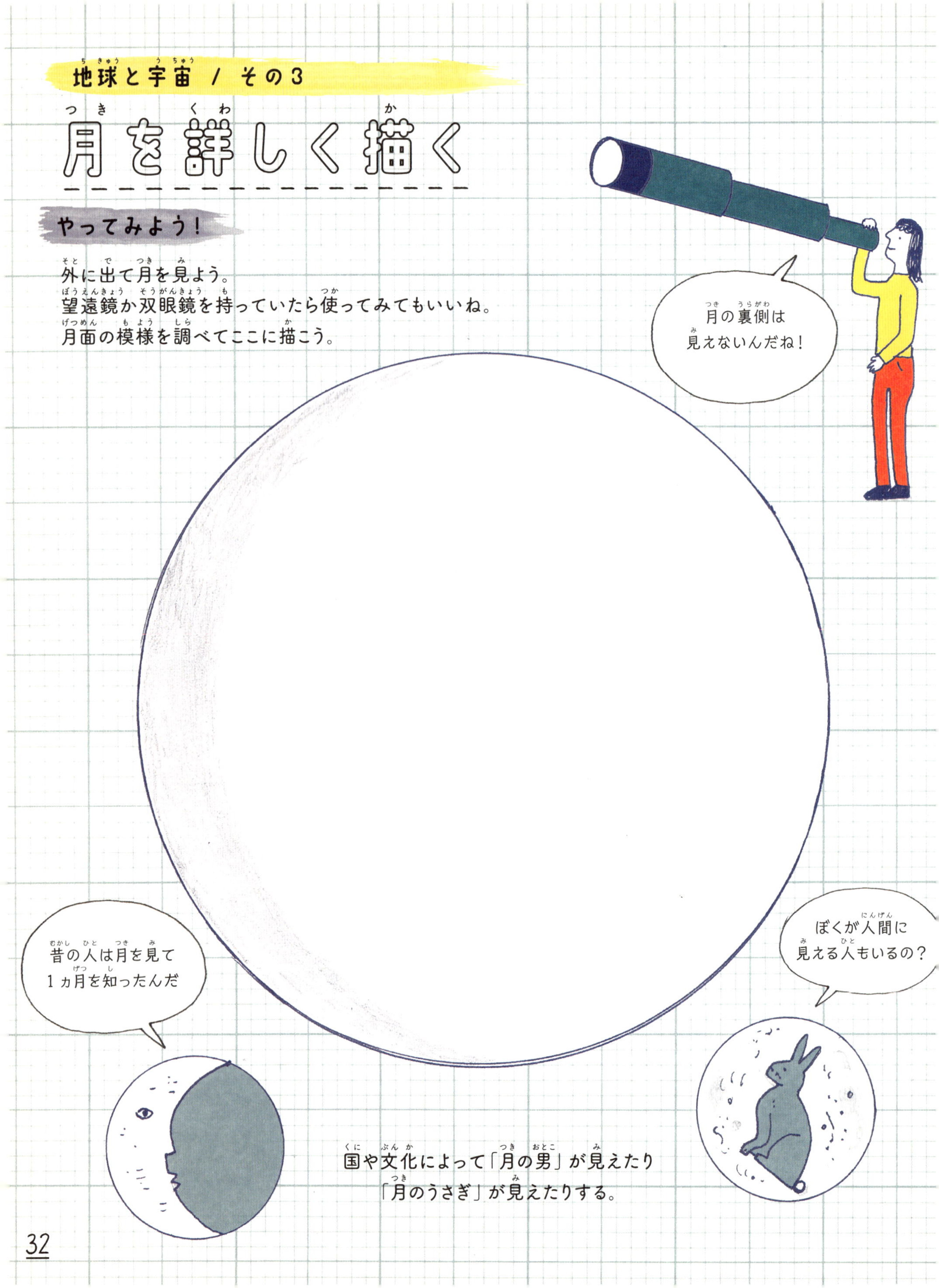

国や文化によって「月の男」が見えたり「月のうさぎ」が見えたりする。

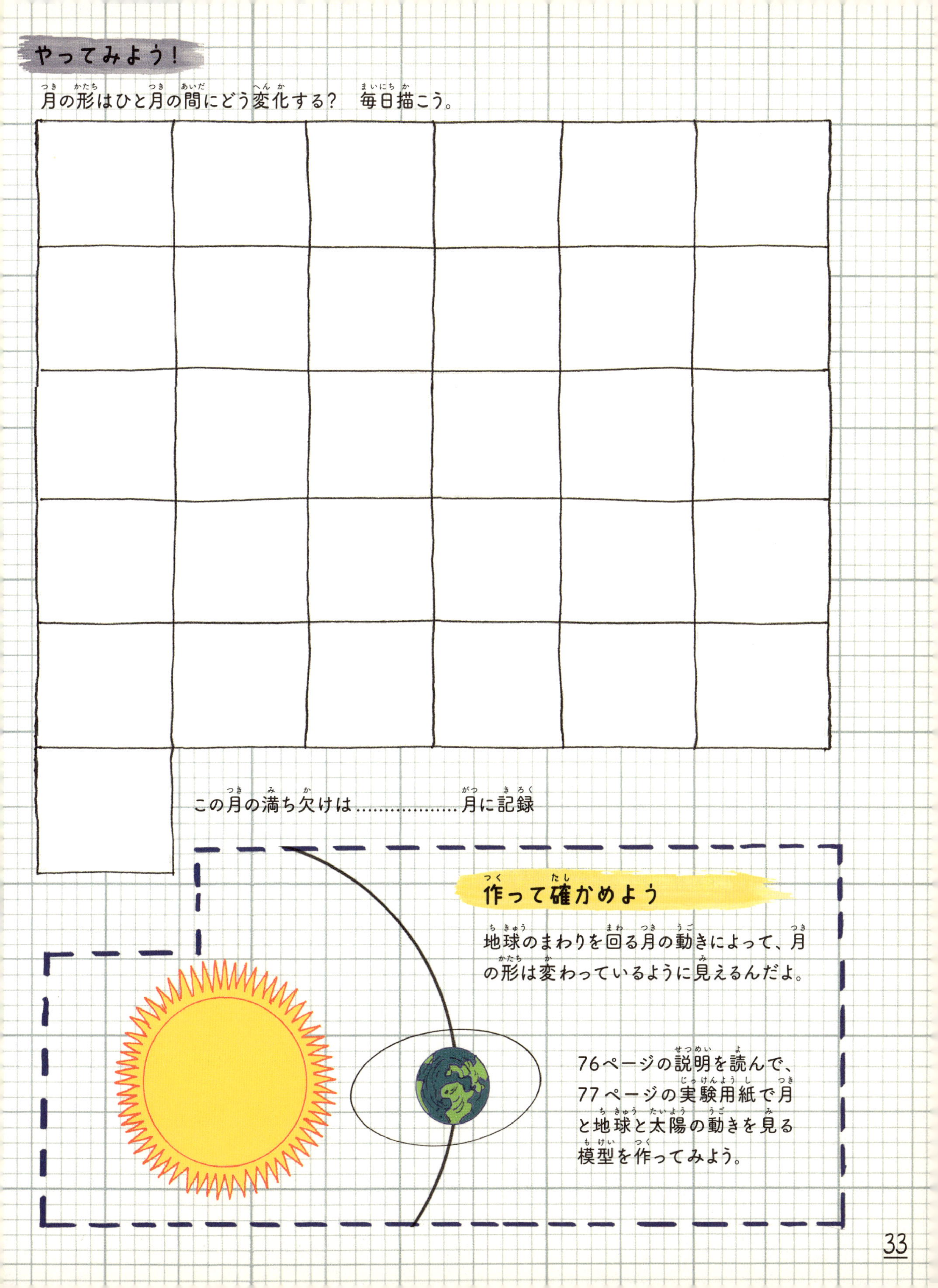

やってみよう！

月の形はひと月の間にどう変化する？　毎日描こう。

この月の満ち欠けは……………………月に記録

作って確かめよう

地球のまわりを回る月の動きによって、月の形は変わっているように見えるんだよ。

76ページの説明を読んで、77ページの実験用紙で月と地球と太陽の動きを見る模型を作ってみよう。

地球と宇宙 / その4

宇宙に何を持っていく?

やってみよう!

きみは宇宙飛行士。
1ヵ月間、宇宙を旅することになった。
重力のない生活に必要な持ち物は何だろう。
思いつく物を全部このスーツケースに描きこもう。

あ、歯ブラシ
忘れちゃった！

どうしてそうなる ？

無重力の宇宙ステーションでは、食べたり寝たりトイレに行ったりという単純なことが、地球にいるときみたいに簡単じゃない。宇宙飛行士は体を固定しないと寝られないし、食べ物に塩やコショウをかけたくても、粒がばらばらになって空中にういてしまうので、液体にとかしこまなければならないよ。

光 / その1

色見本で調査する

やってみよう！

1

このページにあるそれぞれのペンキと同じ色の物（紙きれなど）を探す。切れはしを同じ色の缶の上に貼りつける。

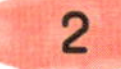

2

それぞれの色に絵の具やペンキにありがちな名前をつけてみよう。「火山からの風」とか「人魚の足の爪」とか。笑っちゃうような名前がいいね。

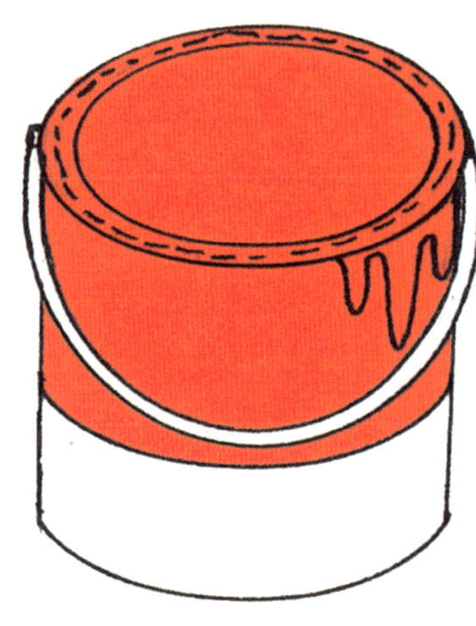

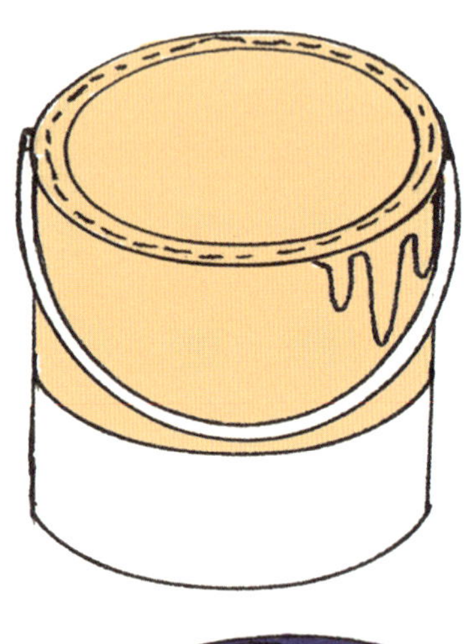

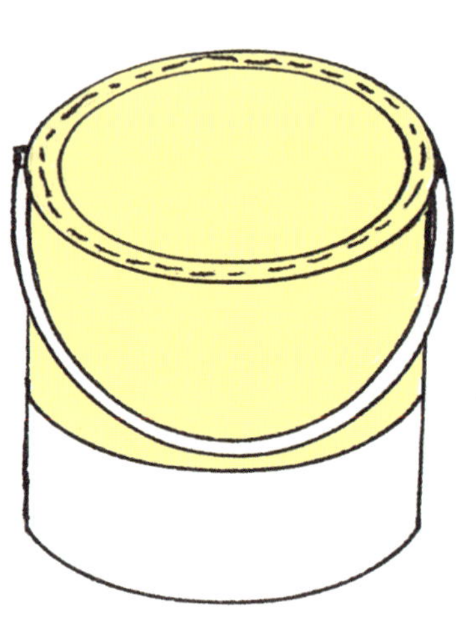

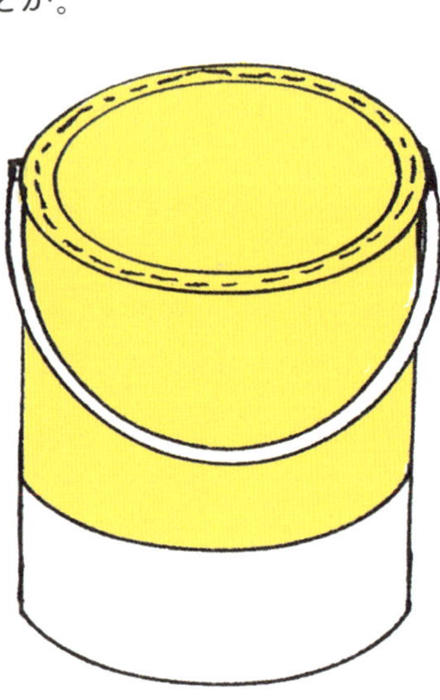

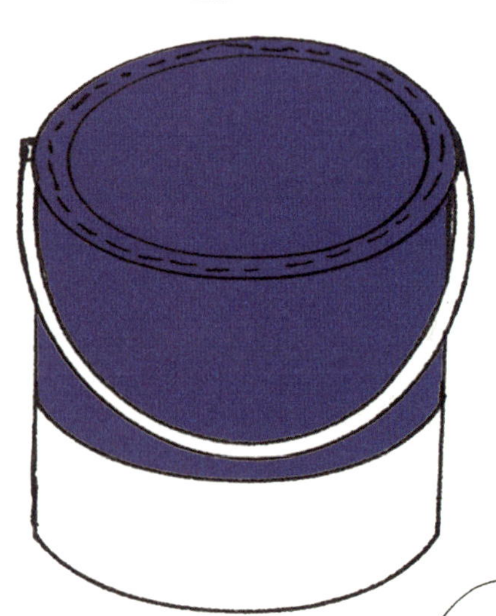

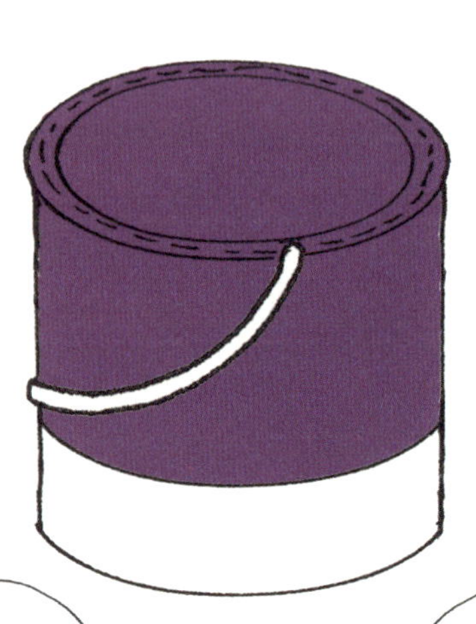

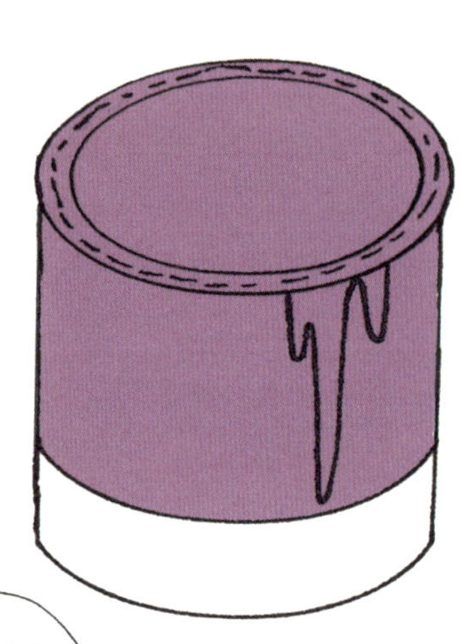

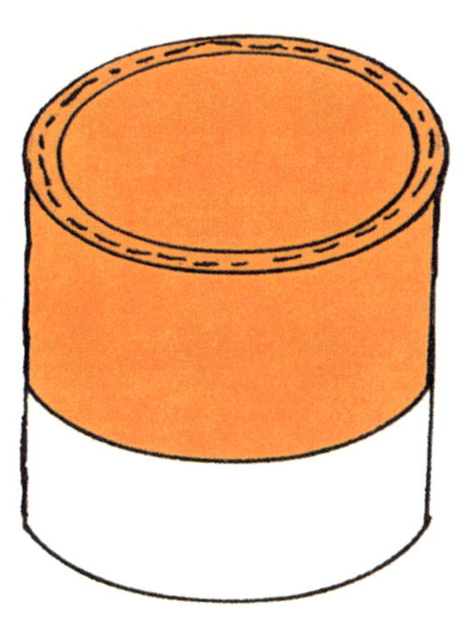

やってみよう！

オリジナル色見本ができあがったら、それを色つきレンズで見てごらん。色のついたペットボトルを使ってみるのもいいね。色はどんなふうに変わって見えるかな？

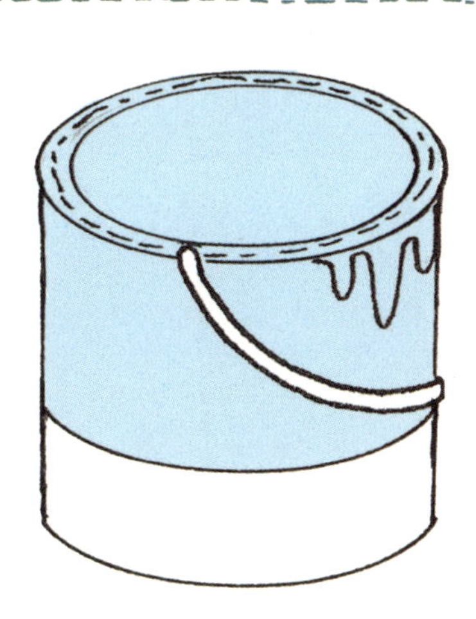

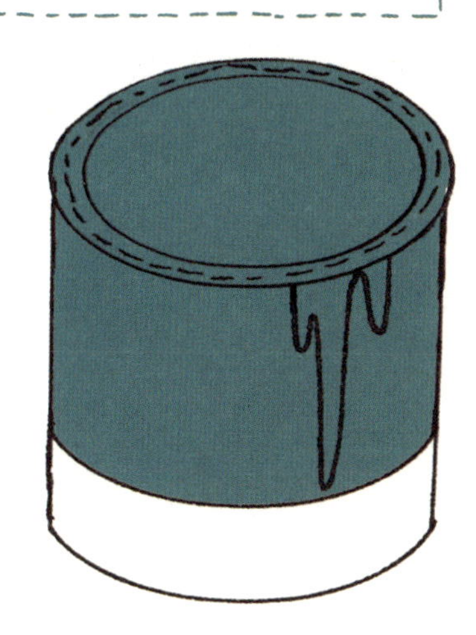

色って何？ 光って何？

物の色がいろいろに見えるのは、物から反射されたいろいろな色の光が目に入るから。わたしたちが「ふつうの光」だと思っている白色光は、実はすべての色がまざったものなんだ。色のついたレンズを通して見ると、白色光のその色だけが取り除かれることになり、違った色に見えるんだ。

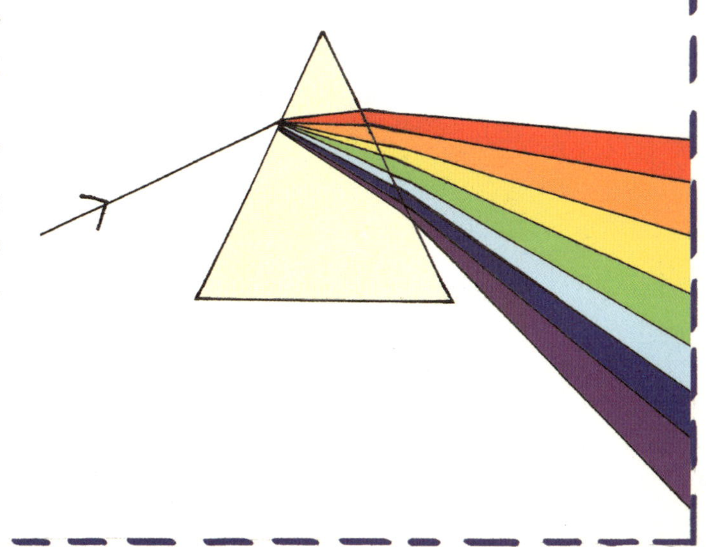

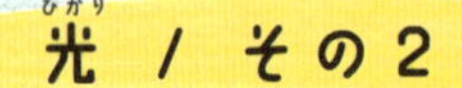

光 / その2

目で写真をとる

絶対にしてはいけないこと

太陽を直接見るのは絶対やめてね！
太陽の光はとっても強いから、
きみの目を傷つけてしまうよ。

やってみよう！

遠くにある光る物を10秒見つめてみよう。部屋の中から明るい窓などを見てもいいね（**太陽はダメ！**）。そのあと、目を閉じてまぶたに映る物（残像というよ）を見る。下の枠の中に、見えた物を描いてみよう。

やってみよう！

なるべく明るい部屋で、旗の真ん中にある黒い点を20秒間見つめる。
それから軽く目をつぶる。何か見えた？

やってみよう！

右上の枠の中に好きな形を黒マジックで描く。明るいところで20秒間それを見つめて、軽く目をつぶる。

どうしてそうなる？

目には色を感じる細胞があるよ。同じ色を長く見つめると、細胞は回復するのに時間がかかるから、目をそらしてもすぐ反応できず、さっきまで見ていた色と逆の色（補色というよ）が見えてしまうんだ。

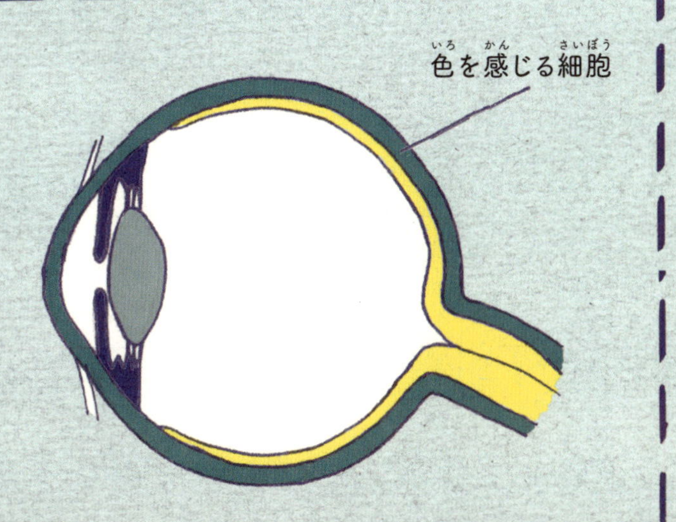

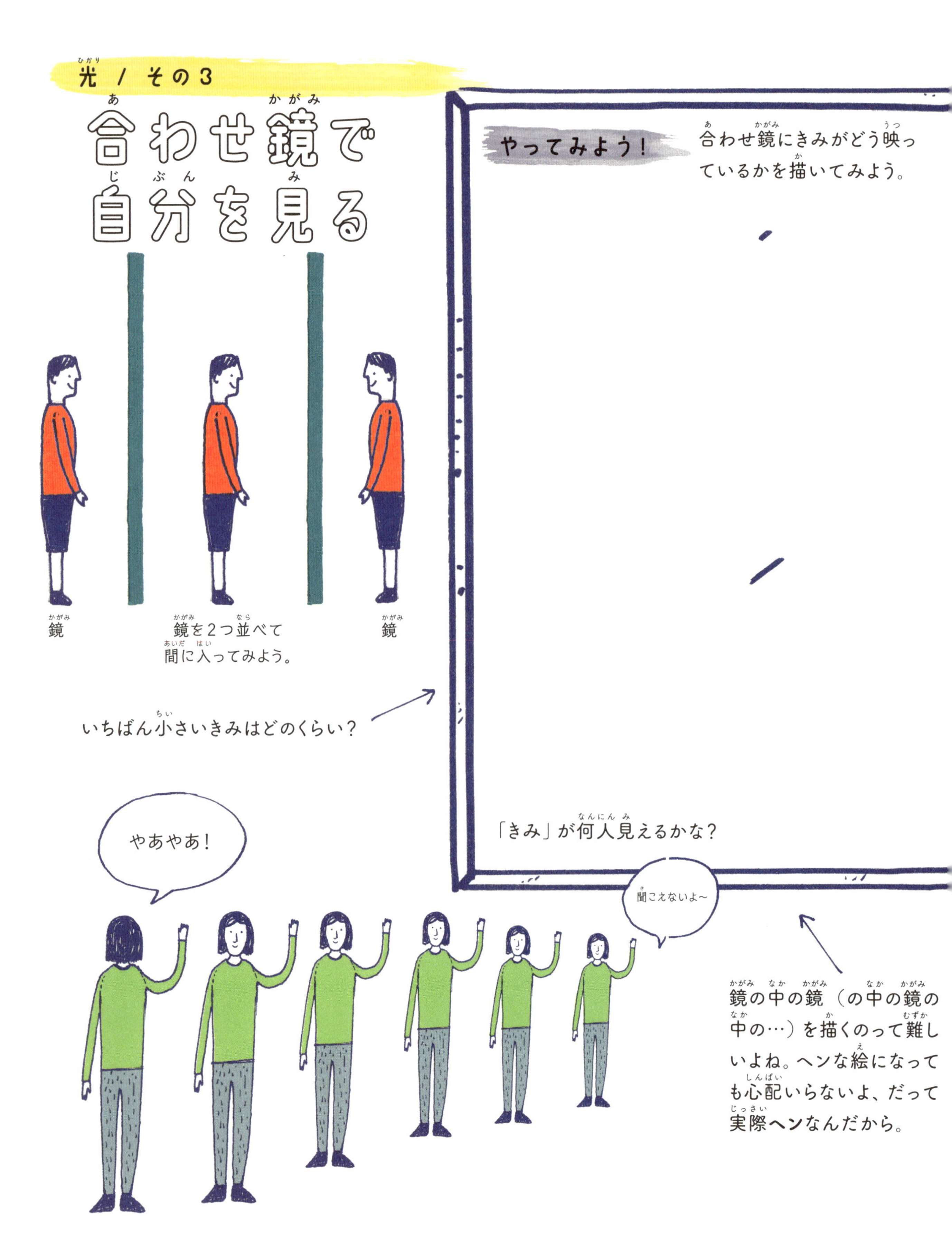
光 / その3
合わせ鏡で
自分を見る
鏡
鏡を2つ並べて
間に入ってみよう。
鏡
いちばん小さいきみはどのくらい？
やってみよう！
合わせ鏡にきみがどう映っているかを描いてみよう。
「きみ」が何人見えるかな？
やあやあ！
聞こえないよ～
鏡の中の鏡（の中の鏡の中の…）を描くのって難しいよね。ヘンな絵になっても心配いらないよ、だって実際ヘンなんだから。

やってみよう！

鏡の前でいろんなポーズをとろう。

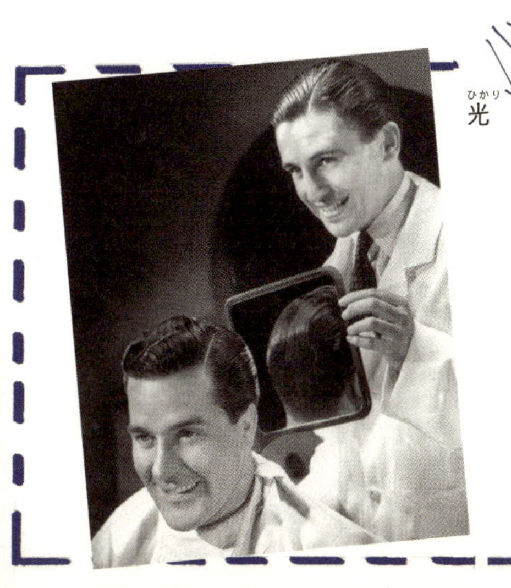

光

どうしてそうなる？

光は鏡から鏡へ次々とはね返り反射する。こっちの鏡はそこにある物すべて、もちろん向かいの鏡や鏡に映る物もすべて映してしまう。向かいの鏡も同じ。おたがいの映し合いはどこまでも永久に続く。

光／その4

光の障害物競走

やってみよう！

いろいろな物を集める。光を反射する物、光を曲げる物、光を通す物、光の色を変える物など。光の障害物競走をするよ。コースの準備ができたら、障害物に向けて光線を当てて、反射したり方向を変えたりさせながらゴールを目指そう。

強力な懐中電灯などを使うといいよ。

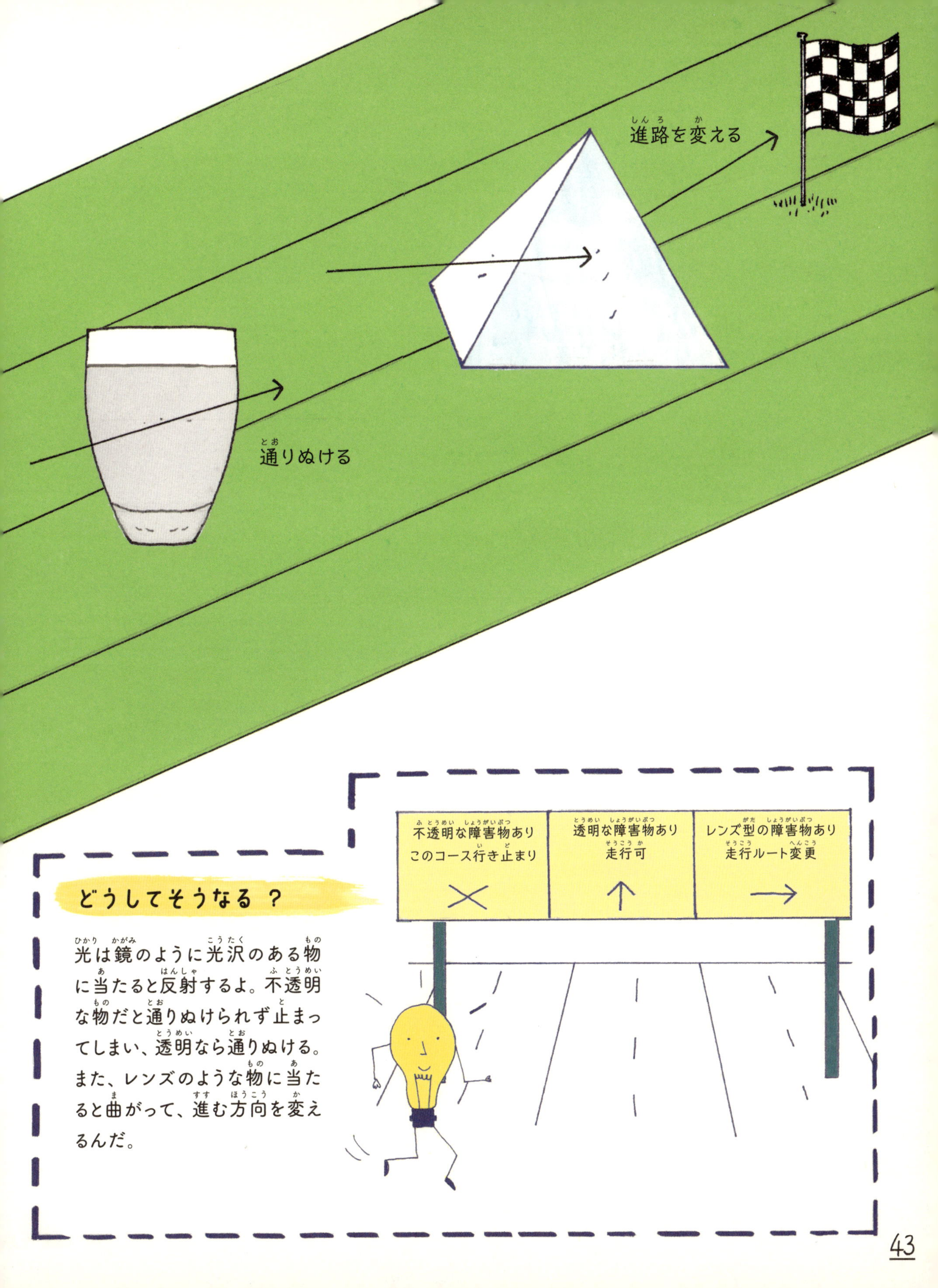

どうしてそうなる？

光は鏡のように光沢のある物に当たると反射するよ。不透明な物だと通りぬけられず止まってしまい、透明なら通りぬける。また、レンズのような物に当たると曲がって、進む方向を変えるんだ。

物の性質 / その1

水を一瞬でこおらせる

びっくり!!

用意するのは炭酸水入りの小さなペットボトルだけ。

やってみよう！

炭酸入りではないふつうの水や、
砂糖などが入った甘い炭酸飲料で実験してみよう。
何が起こるかな？　ちゃんとこおったかな？

噴き出すかもしれないから気をつけて！

飲み物の種類	気がついたこと	実験結果

どうしてそうなる？

炭酸水の泡は炭酸ガス。炭酸ガスが水に入っていると、水はこおりにくくなる。だから、炭酸水を冷凍庫に入れてもなかなかこおらないんだ。でも、ふたを取るとガスが逃げていく。炭酸ガスが少ない水はずっと簡単にこおるから、ふたをあけた瞬間、氷になっていくんだ。

ぼく炭酸ガス、水中をふらふら……

動けない、逃げだせ！

冷凍庫に2時間

実験前＝炭酸ガス入りの水

実験後＝ガスが逃げると水は氷になる

物の性質 / その2

クロマトグラフィーでモダンアート

やってみよう!

1

コーヒー用ペーパーフィルターまたはキッチンペーパー、
水性カラーペン数本、水を少し入れたコップを用意する。紙は細長く切る。

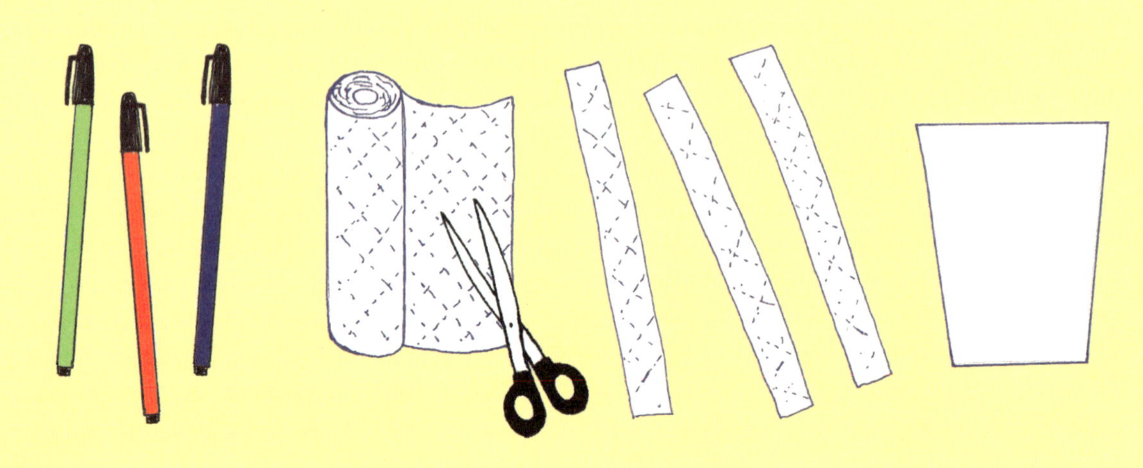

2

切った紙の端から1センチくらいのところに、いろいろな色のペンで小さいマルを描いて塗りつぶす。(黒いペンがおもしろいよ、試してみて!)

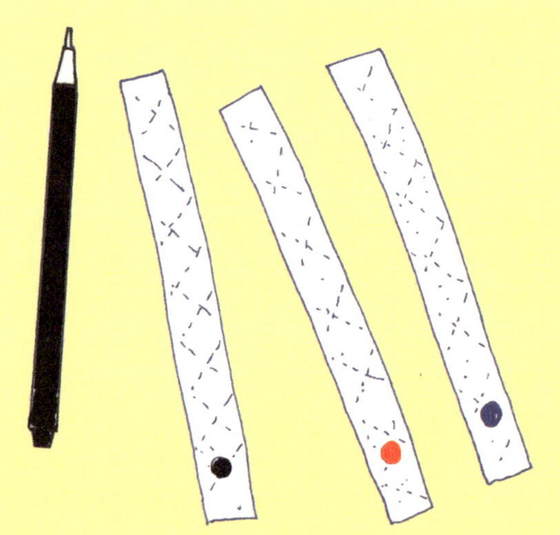

3

コップに入れる水はほんの少しでいいよ(0.5センチ以下)。マルを描いた紙をコップに入れよう。このとき、マルは水面のぎりぎり上にして、水には**ふれない**ようにする。

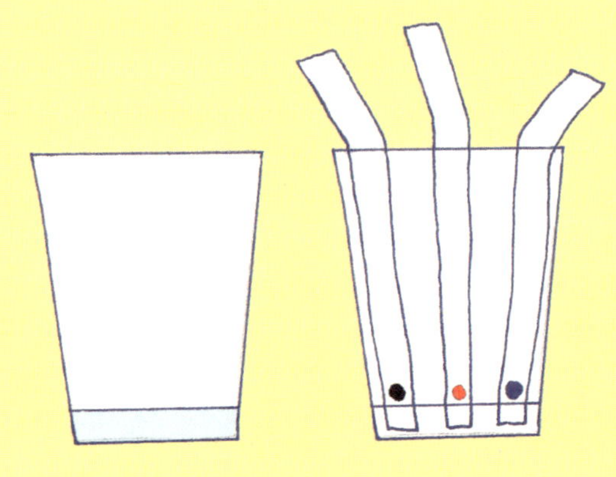

さあ、ペンで描いたマルは10分後にどうなるでしょう?

やってみよう！

紙が乾いたら、しみ出たインクが作ったフシギな模様を切りぬく。上手に貼ってモダンアート作品を作ろう。

どうしてそうなる？

クロマトグラフィー（色素分析）というのは、混ざった色を分ける方法のこと。カラーペンのインクは、実は何種類もの染料を混ぜて作っているんだ。コップの水が紙を伝いマルをぬらすとインクが水にとけ、もとの色に分かれるよ。

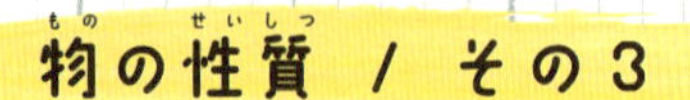

物の性質 / その3

おいしい実験

やってみよう!

1

チョコレートとアイスクリームを用意する。
それぞれ、3つに分ける。

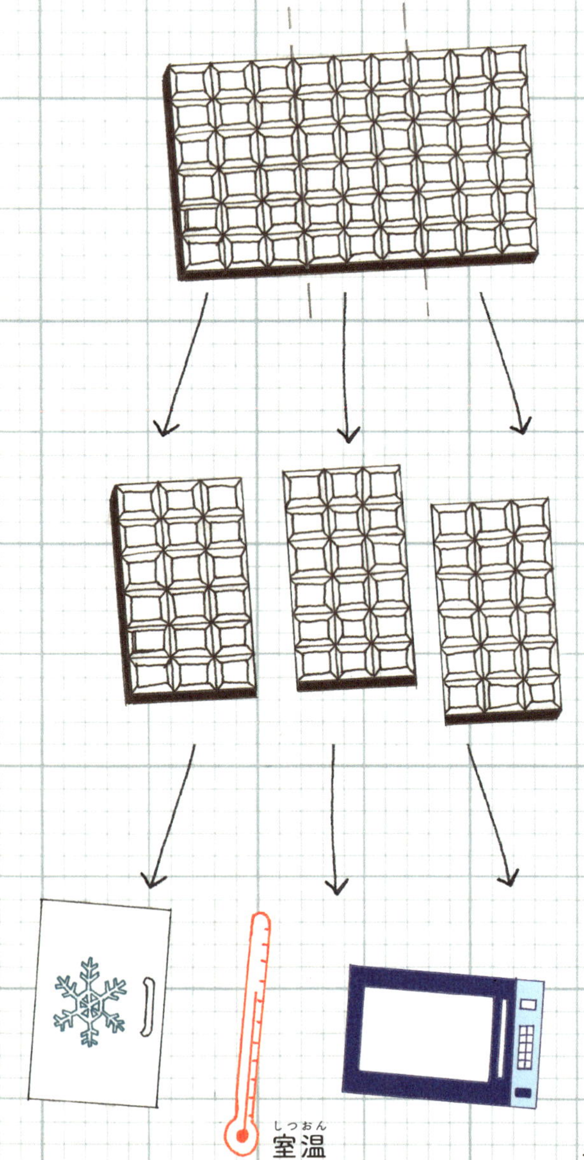

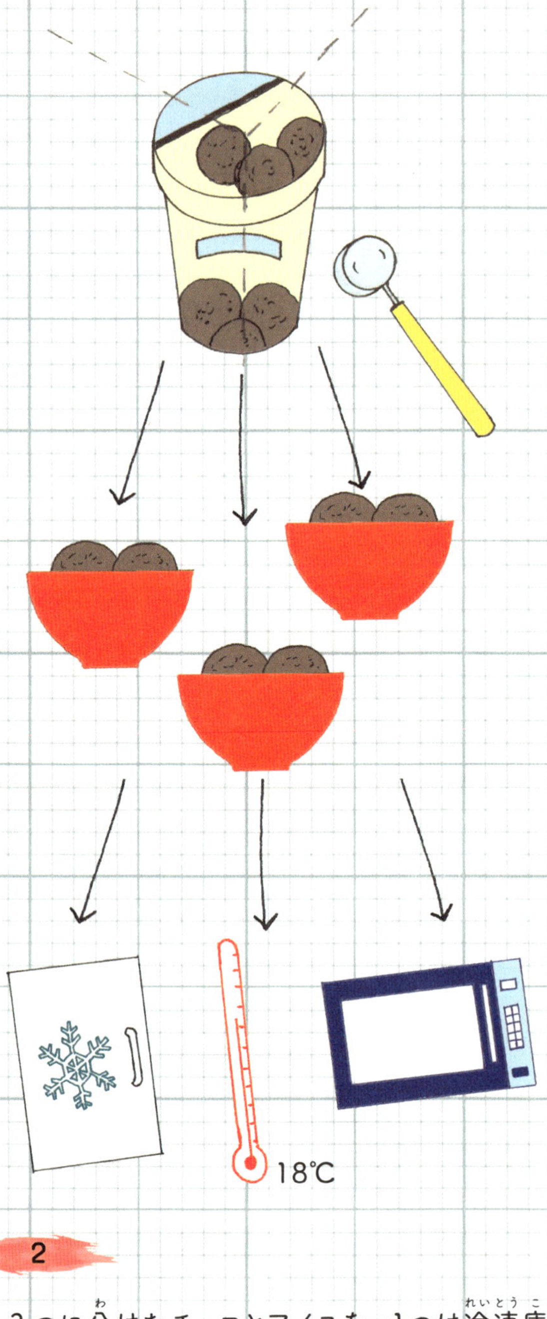

2

3つに分けたチョコとアイスを、1つは冷凍庫に入れ、1つは室温に1時間おき、1つは電子レンジで1分温める。全部、味見する。

チョコレートとアイスクリーム、温度が違うと味が変わる?

やってみよう！

3種類の温度で味わったチョコレートとアイスクリームの味と舌ざわりを記録しよう。なるべく素敵な言葉をたくさん使ってみよう。おしゃれなレストランのメニューのようにね。

前菜

フローズンチョコレート、フローズンアイスクリームぞえ

メインディッシュ

室温チョコレートと室温アイスクリーム

デザート

温めたチョコレートと温めたアイスクリーム盛り合わせ

どうしてそうなる ？

チョコレートとアイスクリームでは融点、つまりとける温度が違うよ。固体から液体に変わる温度が異なるってこと。でも固体から液体へぱっと変化するわけではなく、ゆっくりじわじわとけていく。だから冷凍庫から出したばかりのチョコレートと、室温のチョコレートは同じ固体ではあるけれど、固さが違うんだね。

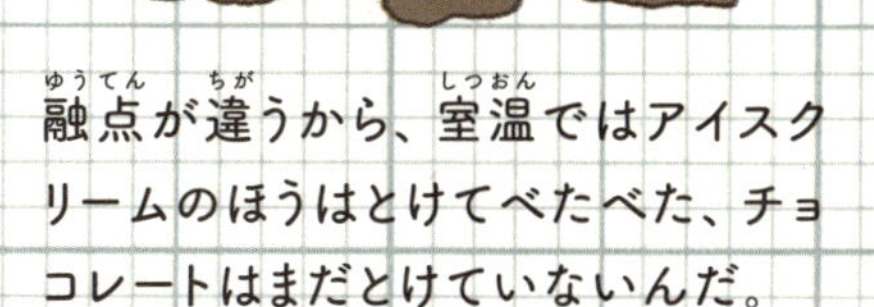

融点が違うから、室温ではアイスクリームのほうはとけてべたべた、チョコレートはまだとけていないんだ。

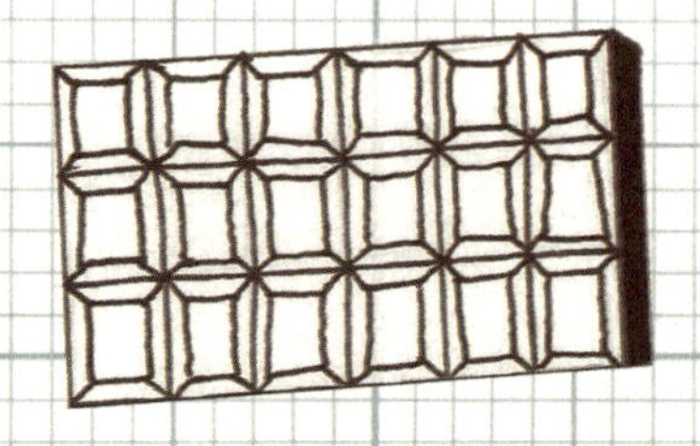

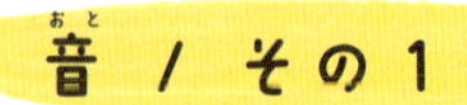

聞こえない音を聞く

やってみよう！

1分間、目をつぶる。まわりの音をよく集中して聞く。聞こえてきた音を絵で表したり、言葉で書いたりしてみる。ふだんは気づかない音が聞こえたかな？

ピシッ

聞きとれた中で
いちばん小さい音は
どんなだった？
それを言葉で
表してみよう

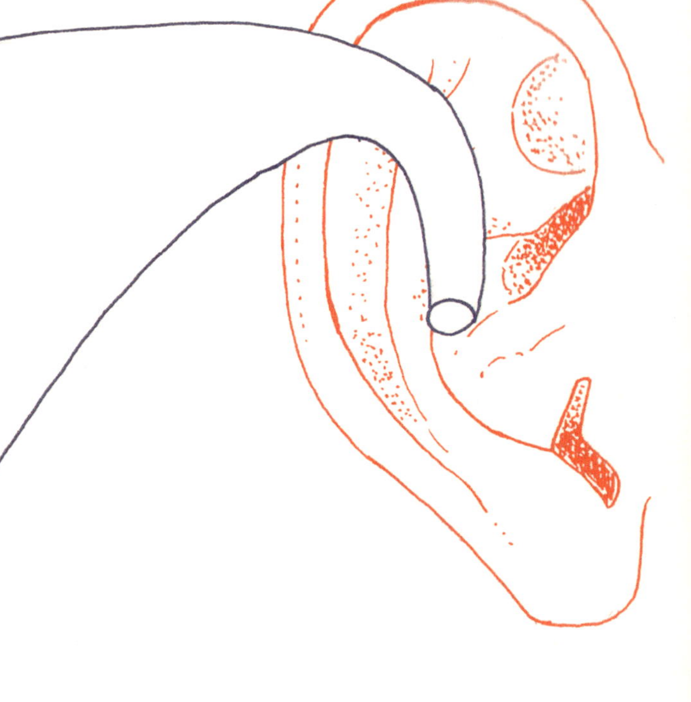

どういう仕組み？

音は波として空気を伝わり、鼓膜を振るわせ、その振動は神経の中を信号として脳に伝わるよ。でも、人間の耳は目みたいに閉じることができない。だから、ある場所にしばらくいて慣れてきたら、脳は雑音を選びわけて取り除くんだ。すると、その音には気づかなくなるよ。

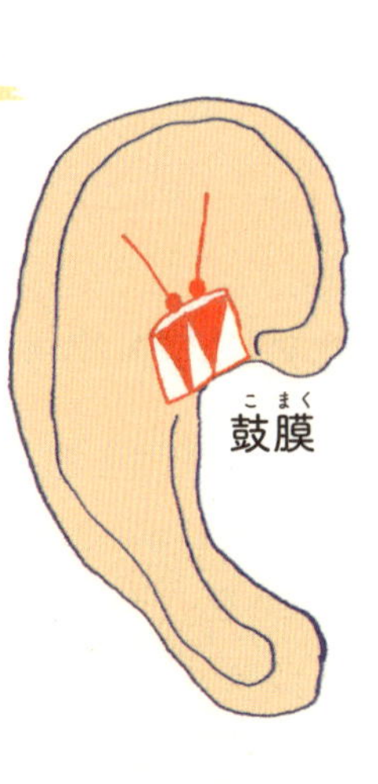

音／その2

ストローでオーボエ演奏

コツがいるけど
がんばって！

やってみよう！

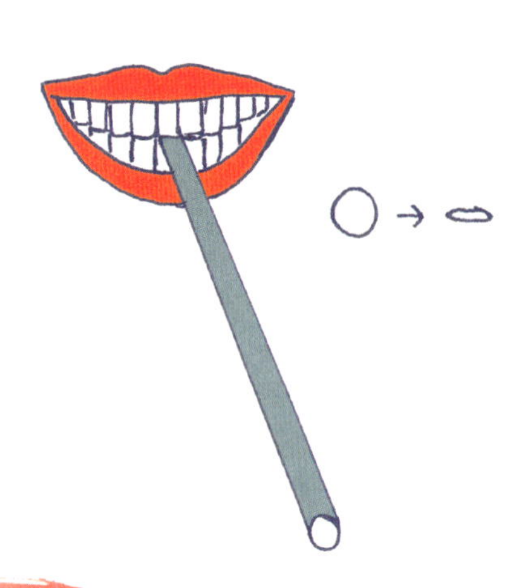

1

ストローの片方の端をかんで
歯の間でしごき、平らにつぶす。

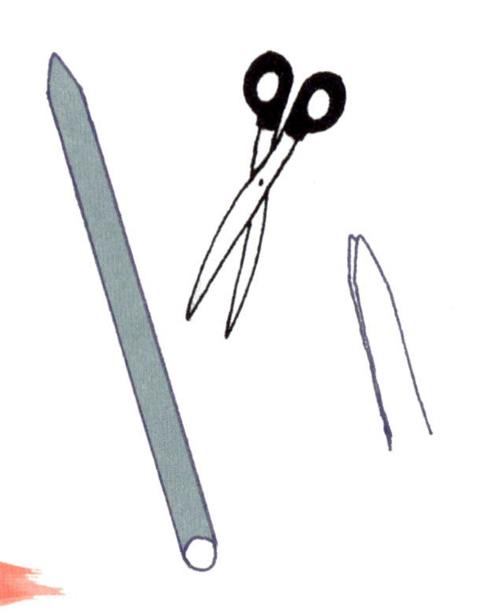

2

つぶしたほうの両角をハサミで切って、えんぴつの先みたいな形にする。切ったところを指でしごいて、やわらかくしておくといいよ。

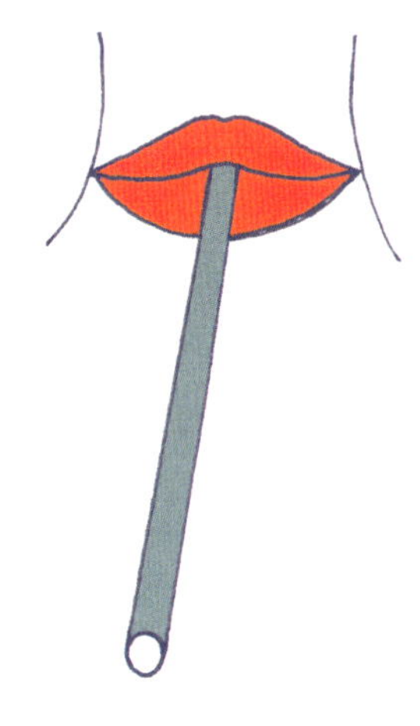

3

とがらせたほうを口にくわえ、
くちびるをしっかり閉じて、ぷーっ！と吹く。
吹く強さをいろいろ変えて、
音が出る吹き方を見つける。

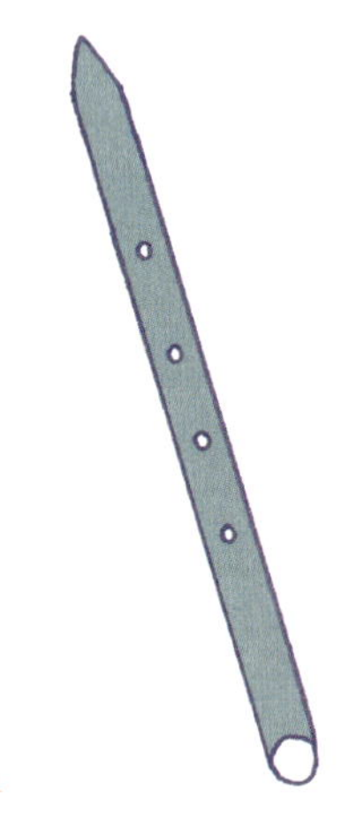

4

ストローに指穴を開ける。
押さえる穴によって
音の高さを変えられる。

やってみよう！

友だちと身のまわりの不要な物を集めてたくさん楽器を作ってみよう。作った楽器で好きな曲を合奏しよう。

バンドの名前をつけてみてもいいね！
“ピーヒャラ・ストロォケストラ”とかどうかな？

どうして音が出るの ？

ストローに息を吹きこむと吹き口が振るえるよ。その振動の波がストロー中の空気に伝わって音を作るんだ。

音の高低は、どれくらいの速さで振動するか（1秒間の振動数）によって決まる。振動数が多いほど音は高くなるんだ。

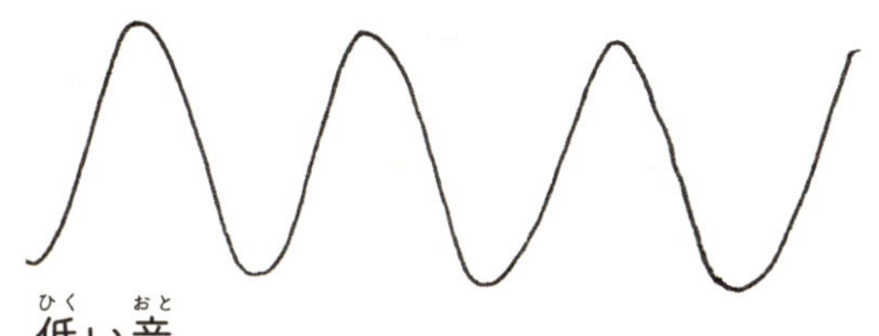

低い音

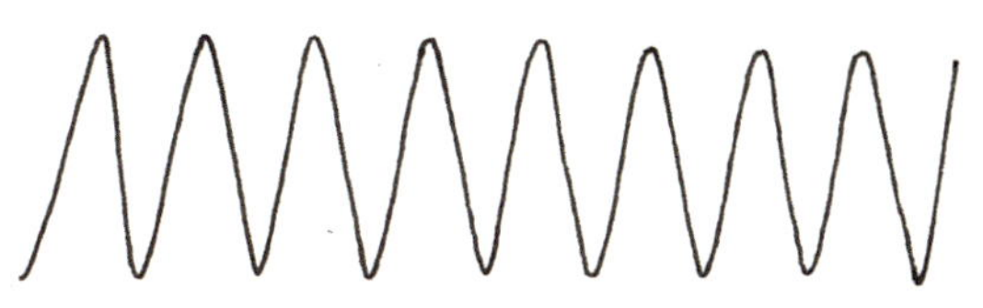

高い音

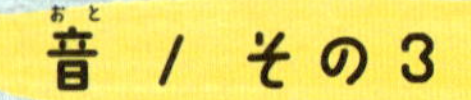

今までにない楽器を作る

やってみよう！

新しい楽器を考えて、そのデザインを描いてみよう。
どんな音が出る楽器かも説明してみてね。

このつのぶえから生まれる音を想像して描こう。音に色はないけど、色をつけるとしたらどんな色か考えるのも楽しいね。

楽器って何だろう？

楽器は種類によって音の出し方が違う。ハープやピアノには弦が張ってあり、それをはじいたり叩いたりして振るわせることで音を出すよ。フルートやトランペットのような吹奏楽器は、管に吹きこまれた空気の振動で音が出るんだ。ドラムのような打楽器には弾力性のある皮が張ってあり、叩くとその皮が振動して音が出るよ。

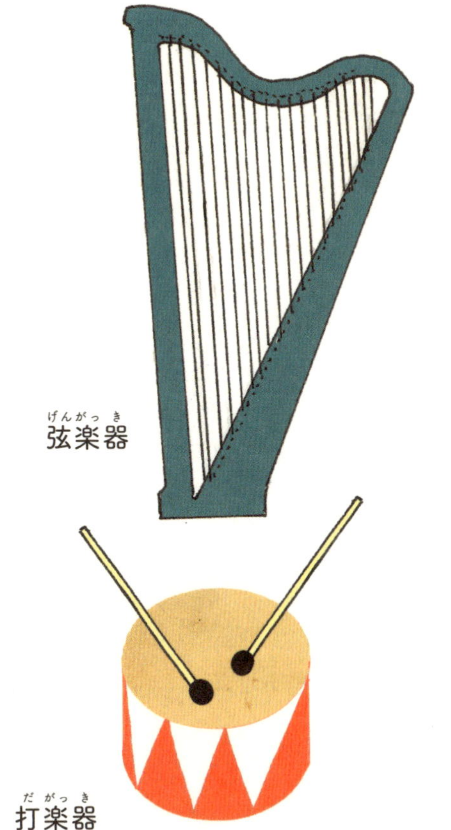

弦楽器

打楽器

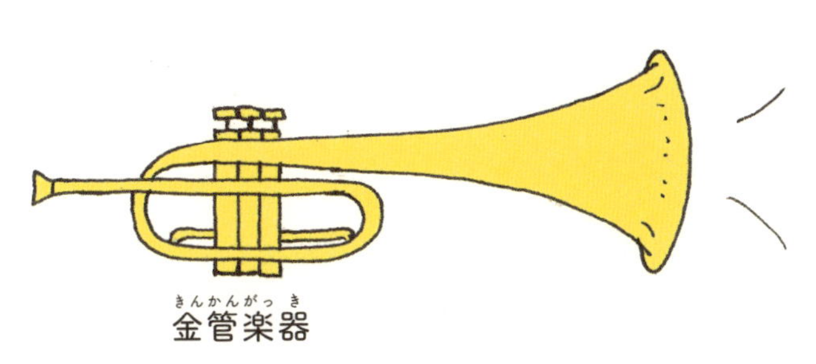

金管楽器

音 / その4

本を楽器にしよう

やってみよう!

このページのドラムセットを、きみの指やほかの物で軽く叩いたり打ったりしてみよう。どんな音が出るかな?

89ページの実験用紙を使って
もっとやかましい音を出してみよう

ドラムソロをやってみよう！

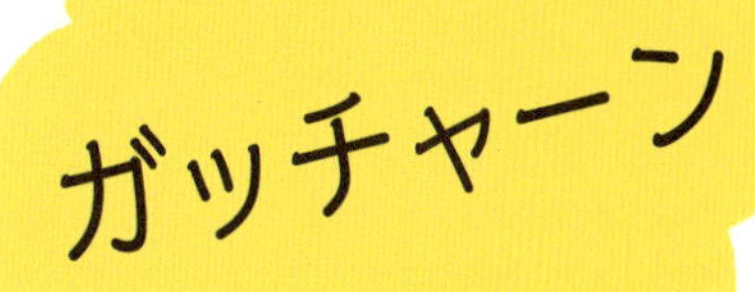

音の違い、出せたかな？

ドラマーは何種類ものドラムスティック（ばち）を使い分け、いろいろな音を出すよ。木でできた固いスティックや、先端を布でおおってやわらかい音が出るようにしたマレット、こすって使うワイヤーブラシなどだ。どれもみな違う振動を生み出して、ドラムの音色を変えるんだ。

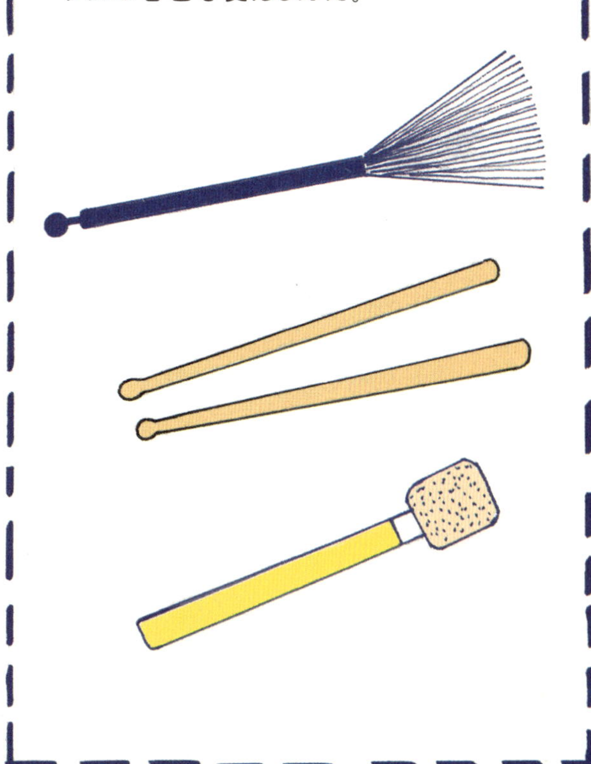

ドーン

電気と磁力 / その1

新方式の発電所を作ろう

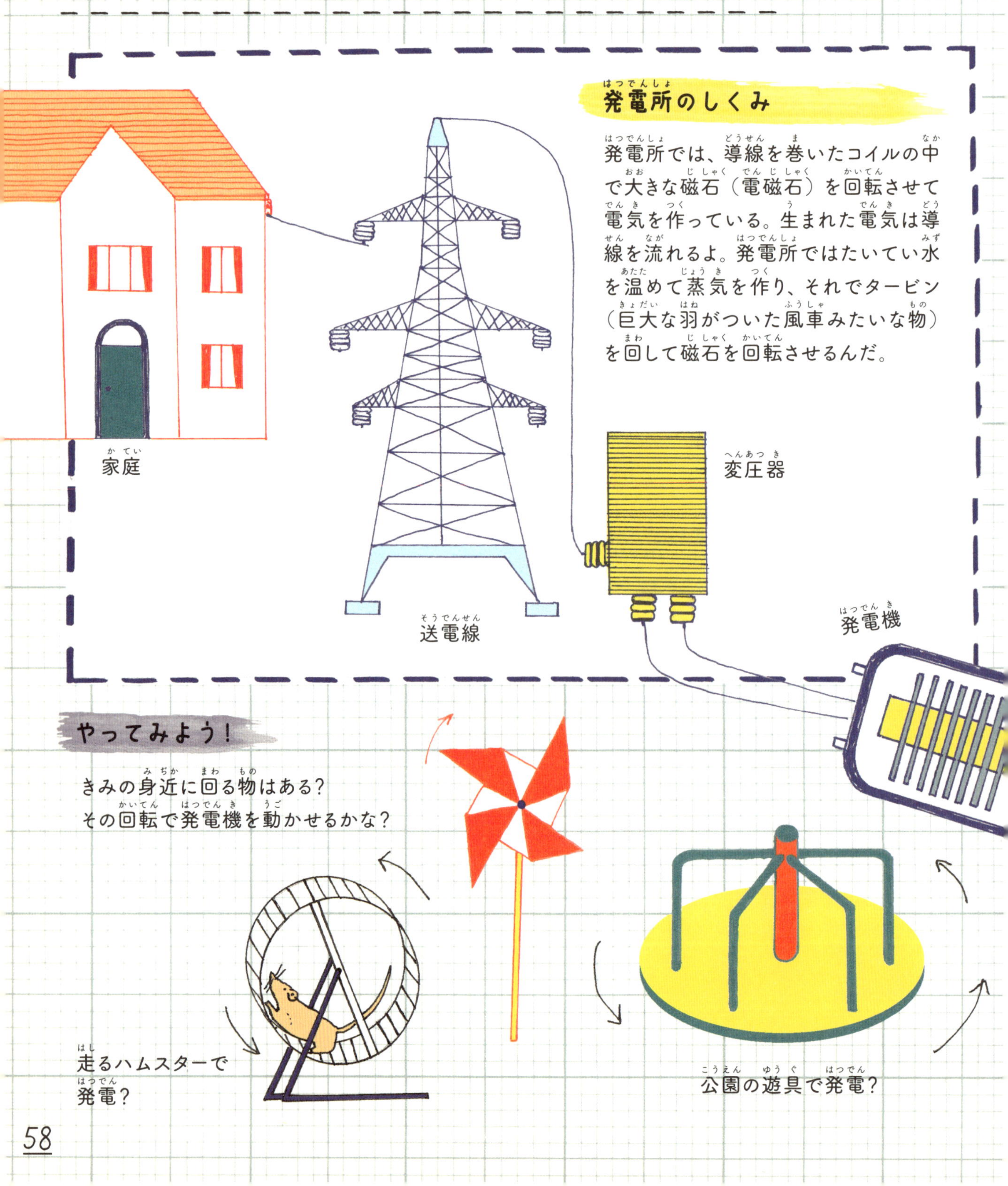

発電所のしくみ

発電所では、導線を巻いたコイルの中で大きな磁石（電磁石）を回転させて電気を作っている。生まれた電気は導線を流れるよ。発電所ではたいてい水を温めて蒸気を作り、それでタービン（巨大な羽がついた風車みたいな物）を回して磁石を回転させるんだ。

やってみよう！

きみの身近に回る物はある？
その回転で発電機を動かせるかな？

走るハムスターで発電？

公園の遊具で発電？

やってみよう！

発電機(はつでんき)をどうやって回(まわ)すか決(き)まった？
きみの考(かんが)えた発電(はつでん)のしくみを描(か)いてみよう。

これを回(まわ)そう！

水を曲げる

やってみよう!

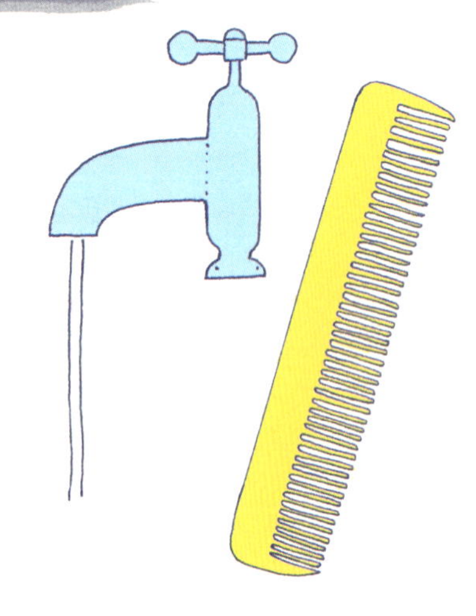

1

プラスチック製のくしを用意して洗面台へ。
水道の口をゆっくり開き、水をほんの少し出す。

2

くしで10回、髪をとかす。
くしを水に近づけると……
おや、水が曲がるよ。

どうしてそうなる?

髪をくしでとかすと、髪の毛からくしへ −(マイナス)の電気を帯びた粒(電子)が移動して、くしは−の電気を帯びる。そのくしを水に近づけると、水の中にある+(プラス)の電気を帯びた粒子(水素原子)が、くしの側を向いて整列するよ。だから水がくしのほうへ引きつけられるんだ。磁石みたいにね。

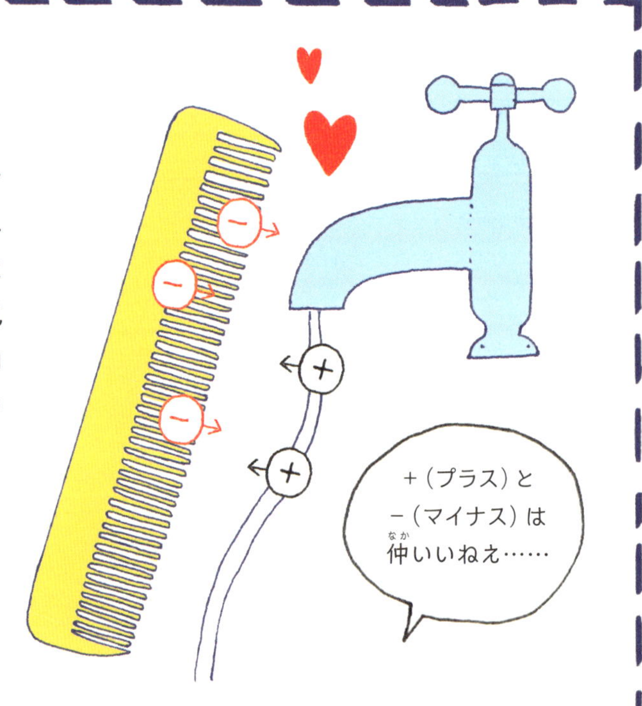

やってみよう！

もし静電気を帯びたきみのくしがとてつもなく強力で、
とてつもない量の水を引きつけることができたとしたら？
きみはそれを使って何をする？

95ページにも静電気の実験があるよ。

磁石は手品師

やってみよう！

1

磁石（冷蔵庫にくっついているのでOK）とクリップ、糸を少し用意する。糸の片方のはじにクリップを結び、もう片方のはじを重い物でおさえる。

2

磁石をクリップに近づけてみよう。ただし糸の長さをギリギリのところ、クリップに届かないところまでとめてみよう。そうすると……クリップがうくよ。

磁石をどのくらいはなすと、クリップが落ちるかな？

磁石を使って、ほかにどんな物をうかせたい？

下の例を試してみよう。ういた物は□にチェックしてね。

フォーク □

輪ゴム □

かぎ □

コイン □

えんぴつ □

画びょう □

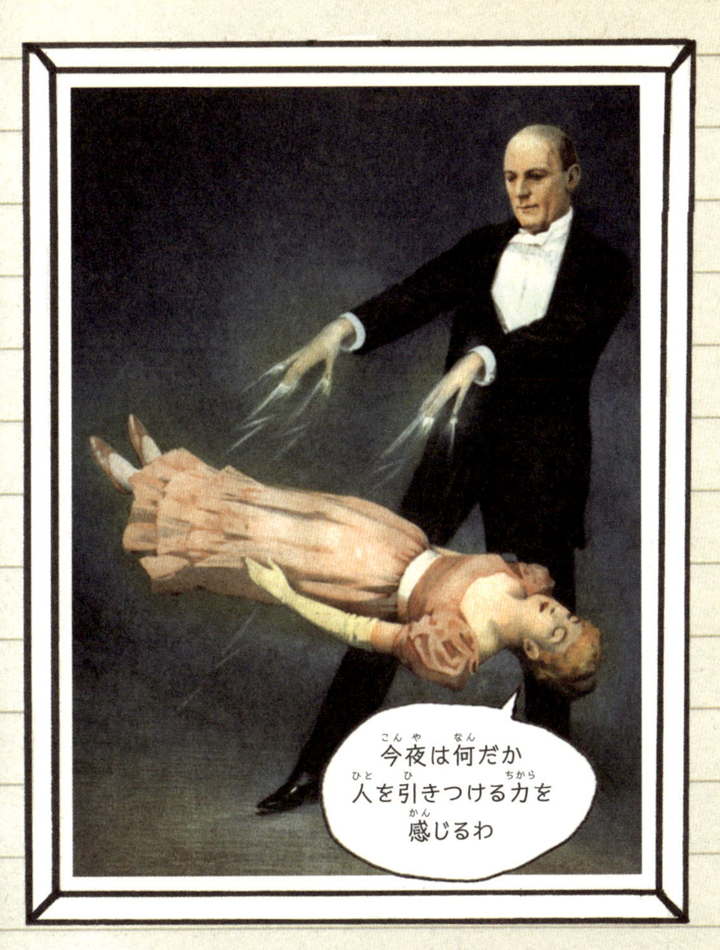

やってみよう！

水を張ったボウルにシリアル（コーンフレーク）をうかべる。なるべく強力な磁石を真上に持ってきて、ぐっと近づける。
磁石をゆっくり動かしてみよう。
磁石を追いかけてシリアルが動くかな？

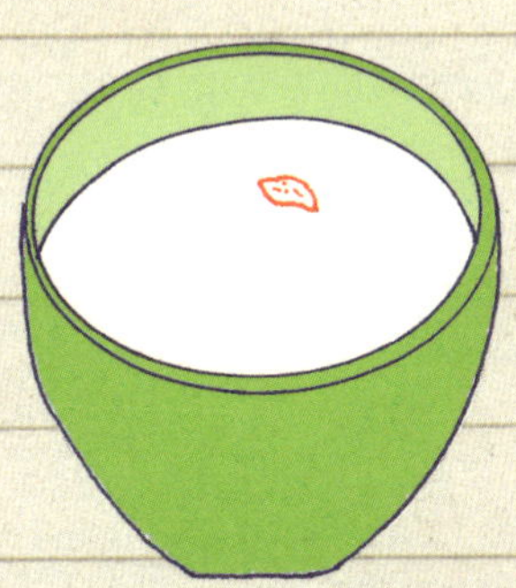

どうしてシリアルが動くの？

磁石のまわりには「磁界」という磁石の力がはたらく空間があるよ。磁石は、自分の「磁界」に磁気を帯びた物（クリップとか）が入ると引っ張るんだ。銘柄によって差があるけど、シリアルにふくまれている鉄分が磁界の中で磁石になる。だから、シリアルが磁石を追いかけるんだ。シリアルの鉄分が多いほど、この手品はうまくいくよ。

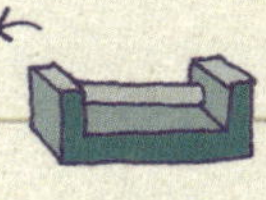

電気と磁力 / その4

静電気でヘアメイク

やってみよう！

1

家の中の物を使って、きみの髪の毛をこすろう。
静電気で毛を逆立たせることができるのはどんな物かな？

2

きみの顔と髪の毛を右に描きこもう。そして、髪の毛を逆立たせるのに使った物もまわりに描いていこう。

ヘアブラシ

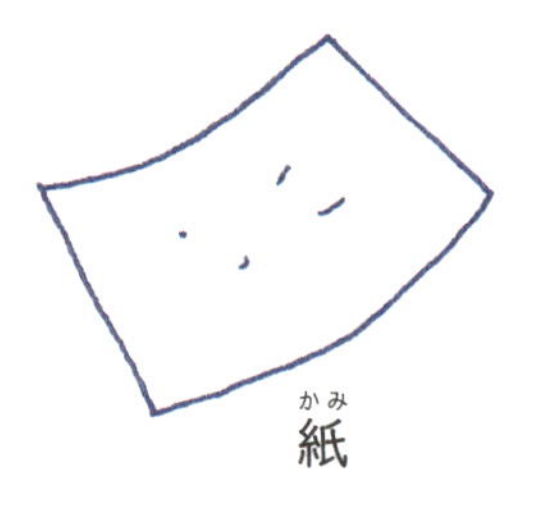
紙

警告！
コンセントには絶対にさわらないこと。
命にかかわる事故になることもあるからね。

きみの似顔絵をどうぞ

ヘアスタイルも描いてみよう

風船

毛糸の手ぶくろ

どうしてそうなる？

電子を簡単に手ばなす性質がある物と、そうでもない物があるよ。逆に、電子をもらいやすい物もある。乾いた髪の毛や皮ふは、電子を手ばなしやすいんだ。

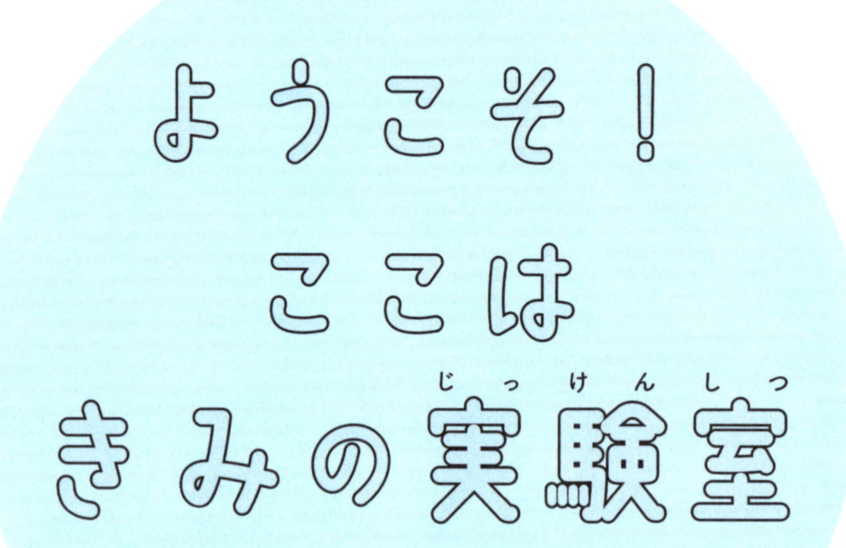

ここからは、きみが実験して遊ぶページだよ。
ページを切りはなして使ってね。

やぶいたり、はさみで切りぬいたり、ぬらしたりして、
科学を楽しく体験しちゃおう。

紙飛行機レース

やってみよう！

69-70ページ（フクロウ柄）と71-72ページ（ハヤブサ柄）を切り取って、2種類の飛行機を折るよ。できた紙飛行機を飛ばして、どのくらいよく飛ぶか調べよう。

紙飛行機・フクロウ号

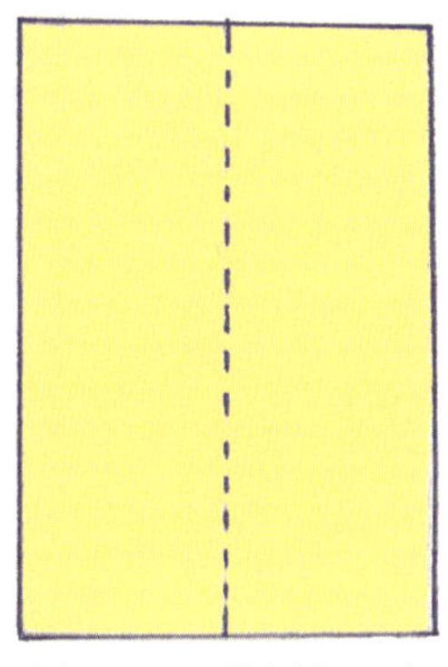

1　紙をたて半分に折り、折りすじをつける

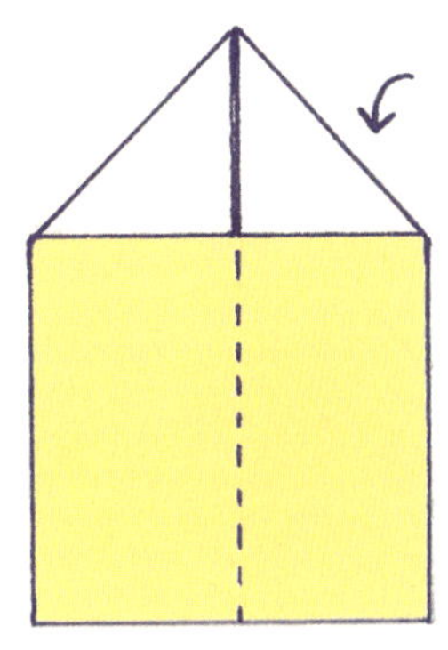

2　上の両方の角を真ん中の線に合わせて折る

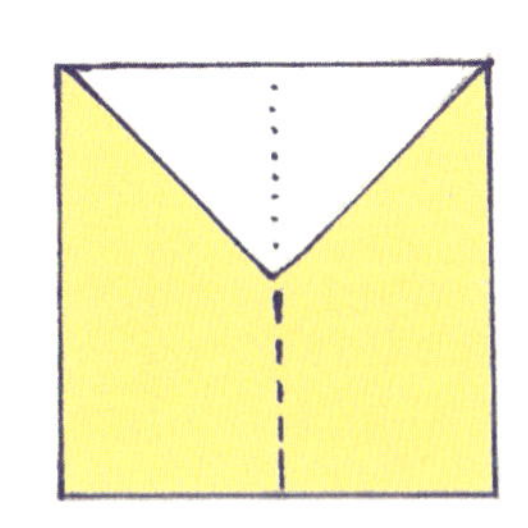

3　できた三角形を下に折り、上部を平らにする

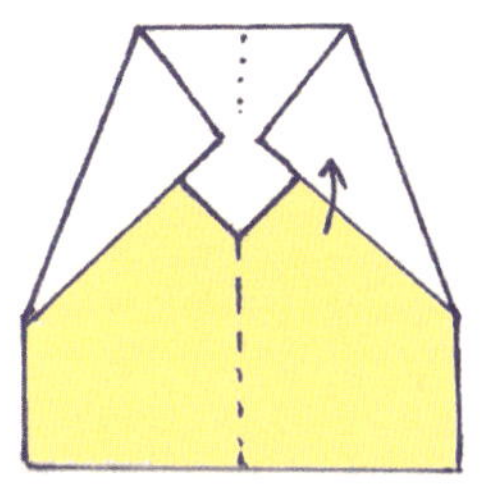

4　上の両方の角をもう一度、真ん中の線の上から6センチくらいにくるように折る

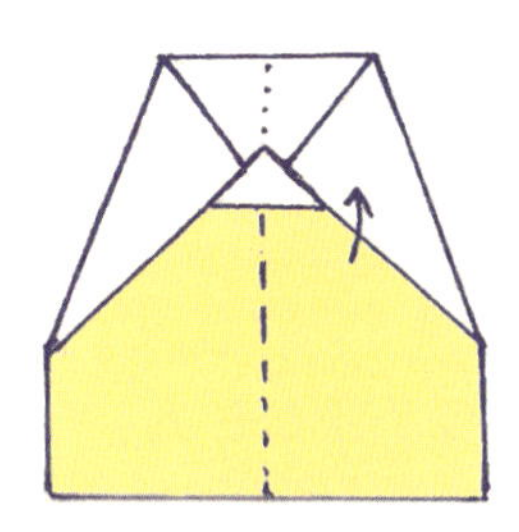

5　中央の下向きに出ている三角部分を折り上げる

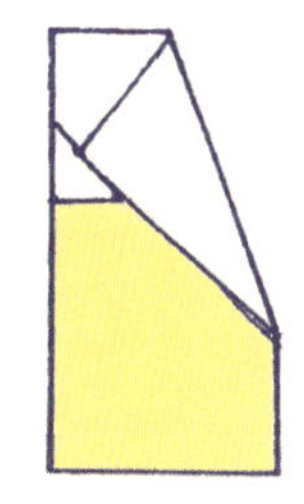

6　本体を半分に折りたたむ

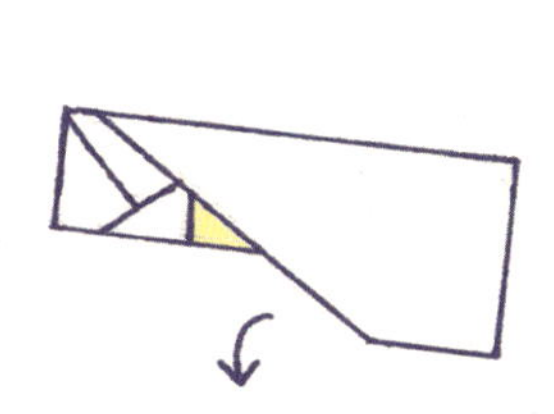

7　両はじを図のように折りもどして開き、羽を作る

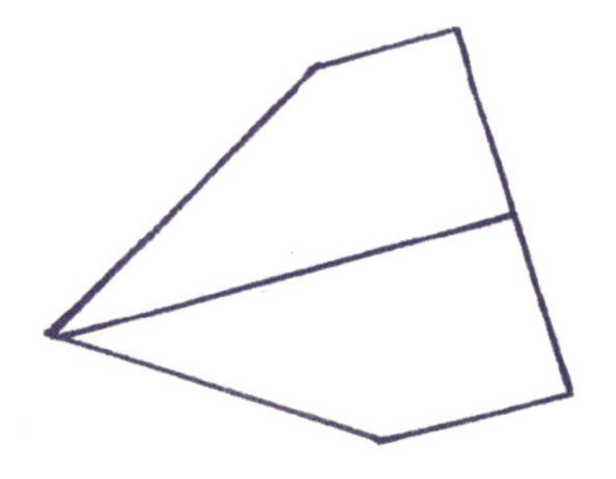

8　上から見たできあがり図

紙飛行機・ハヤブサ号

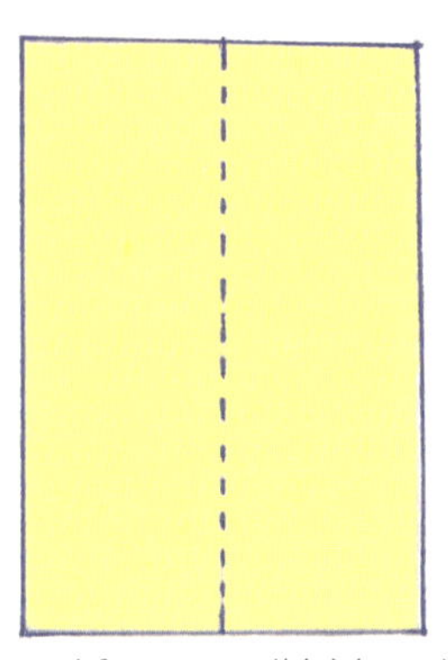

1　紙をたて半分に折り、折りすじをつける

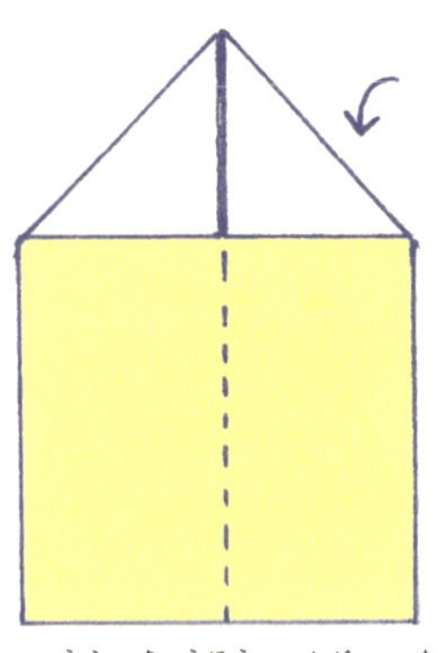

2　上の両方の角を真ん中の線に合わせて折る

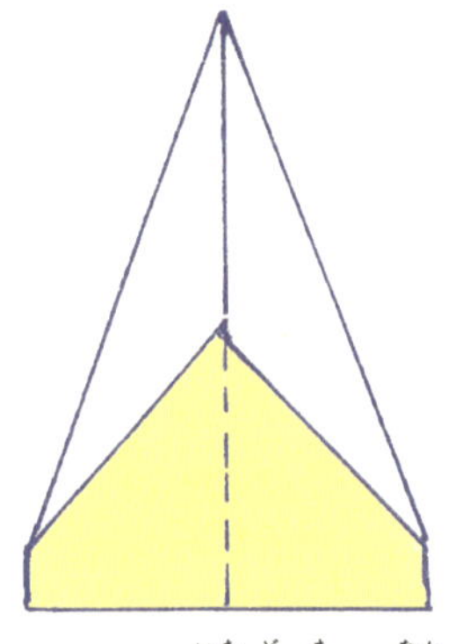

3　もう一度真ん中の線に合わせて折る

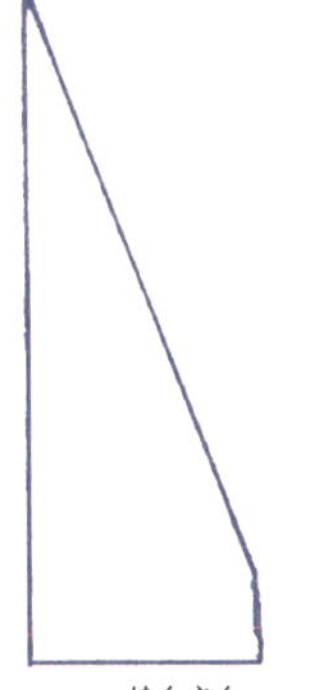

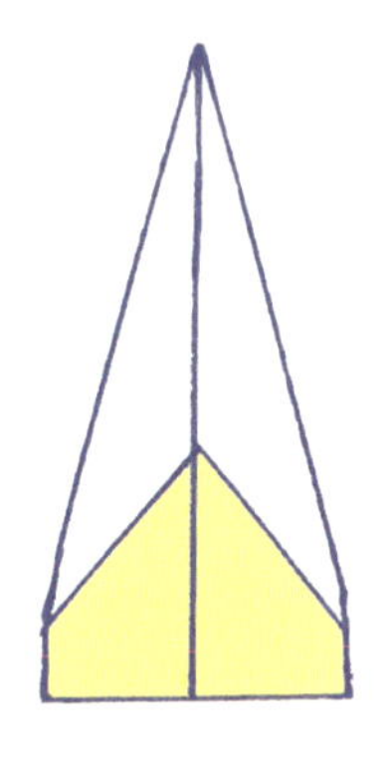

4　半分に折りたたむ

5　持つところを少し残して図のように折って開き、羽を作る

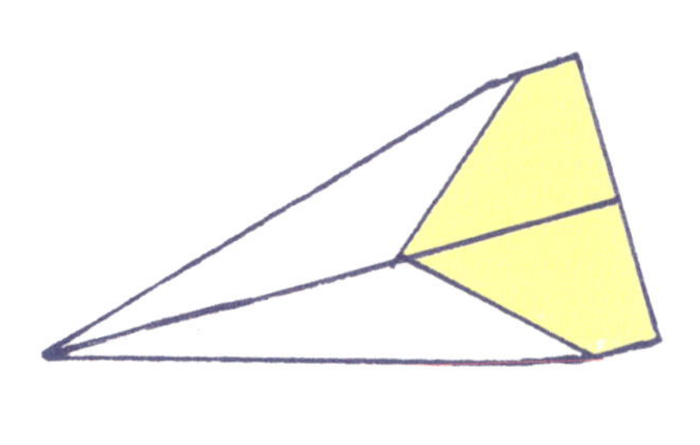

6　できあがり

2機とも折れたら、テスト飛行だよ。飛行時間や距離を測ってごらん。どちらが長く、遠くまで飛んだ？　折り方をいろいろ工夫してみよう。

どうしてそうなる？

紙飛行機が空を飛ぶときには、空中でいろいろな力がはたらいている。空気からの抵抗力とつり合う「推進力」や重力とつり合う「揚力」がはたらいているよ。

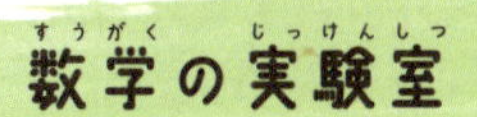

切りばめ細工とタングラムにチャレンジ

やってみよう！

右の型を切りぬいて、23ページの「切りばめ細工お試し用紙」で使おう。

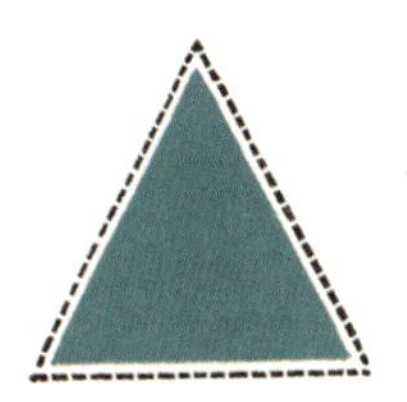

やってみよう！

下のタングラムのピースを切りぬいてばらばらにしたあと、最初と同じ四角に戻せるかな？
75ページにあるいろいろな形も作ってみよう。

タングラムの問題いろいろ

やってみよう！

タングラムのピースを並べ変えて、いろいろな形を作ってみよう。

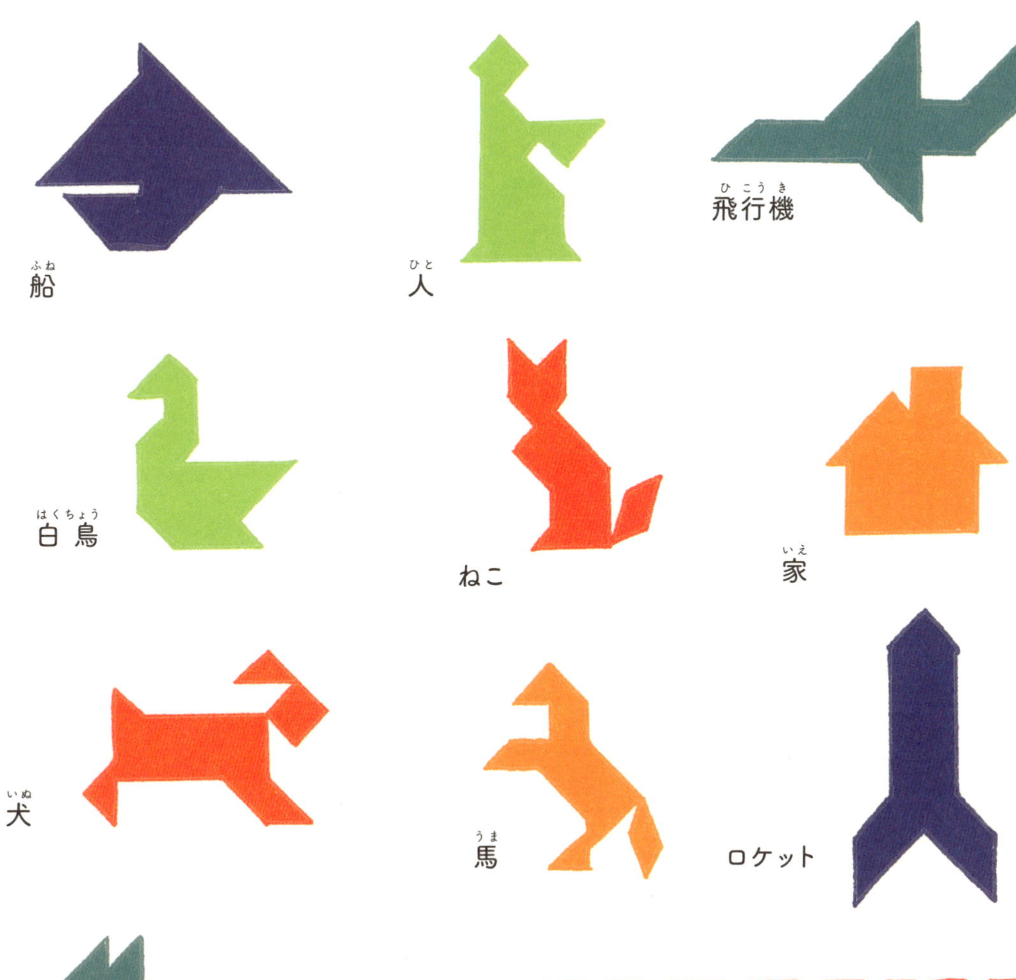

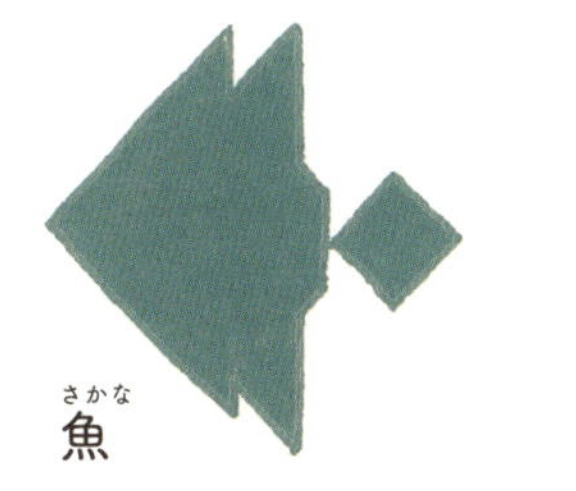

魚

うさぎ

タングラムって？

タングラムは中国で数百年前に発明されたといわれる幾何学パズル。シンプルな形で簡単そうに見えて、意外と難しいんだ。

紙で作ろう、太陽系モデル

太陽と地球、月の動きがわかる模型を作るよ。
割りピン（先が二またに分かれる留め具）を2つ用意しよう。

やってみよう！

1

右ページの太陽系モデルの部品を切りぬく。各部品の穴印のところを消しゴムにのせ、先のとがったえんぴつで消しゴムまでつき通し、穴を開ける。

2

部品2（月）の上に部品1（地球）を重ねて留め具を通し、それを部品3の所定の場所に重ねて、いっしょに留める。

3

もう1つの留め具で、部品3の細長い部分を部品4（太陽）の真ん中に重ねて留める。

太陽系モデルのできあがり

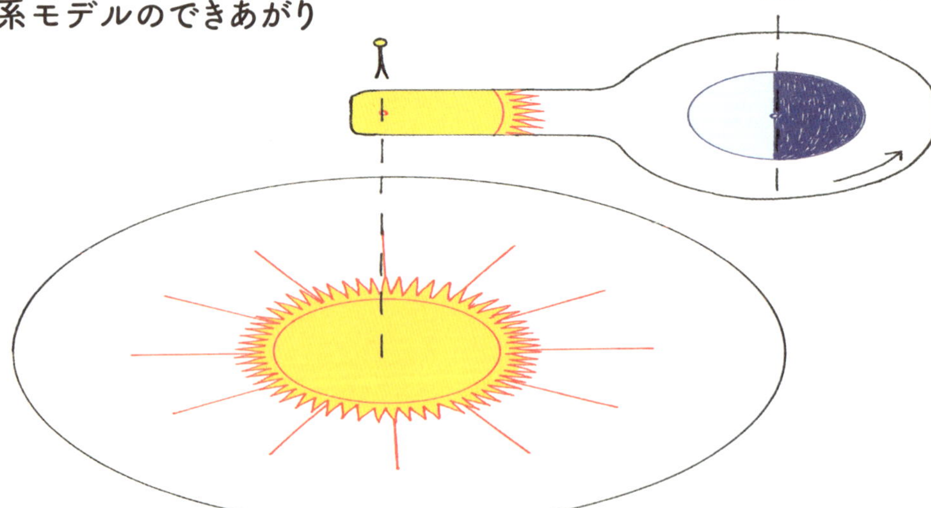

太陽系モデルって何？

太陽系モデルというのは、太陽を回る太陽系惑星の動きを示す模型のこと。きみの作った太陽系モデルを動かして、太陽を回る地球と、その地球を回る月の動きを知ろう。

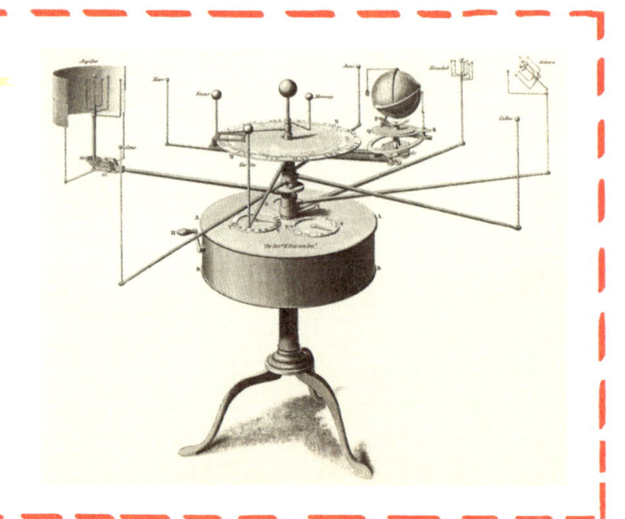

太陽系モデルの部品

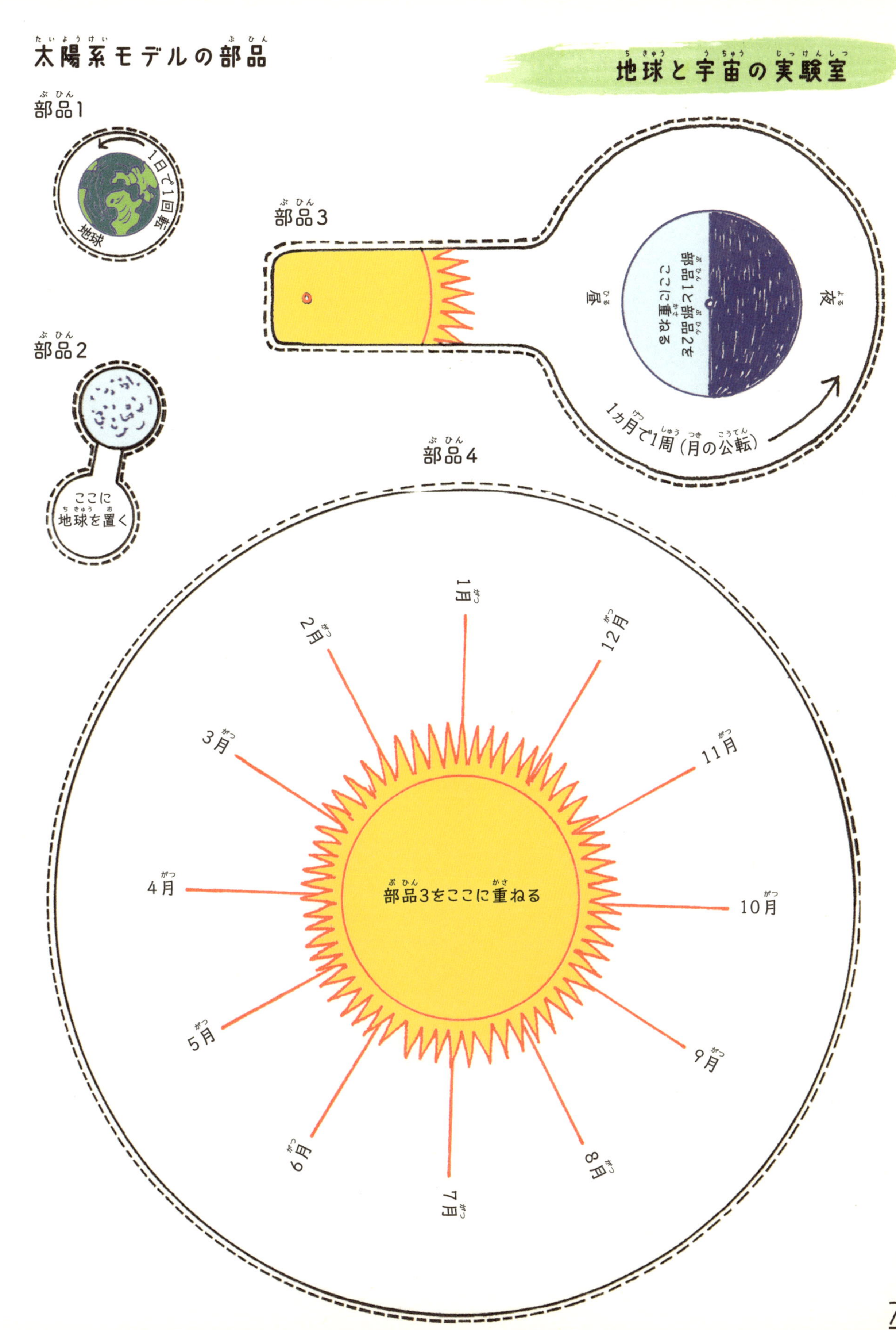
部品1
1日で1回転
地球
部品2
ここに
地球を置く
部品3
昼
部品1と部品2を
ここに重ねる
夜
1カ月で1周（月の公転）
部品4
1月
2月
3月
4月
5月
6月
7月
8月
9月
10月
11月
12月
部品3をここに重ねる

かげ絵遊びで光の実験

かげ絵人形を使って光の進み方を見る。
えんぴつ数本、ねん着テープ、懐中電灯または電気スタンドを用意しよう。

やってみよう！

1

かげ絵人形の型を切りぬき、裏面にえんぴつをテープで固定して、持ち手にする。

2

暗い部屋で、用意した明かりの前にかげ絵人形をかかげ、かべにかげを映してみる。
かげ絵人形を、明かりに近づけたりはなしたりしてみよう。
かべや明かりのほうに傾けて持つと、かげはどうなるかな？
また、明かりを2つに増やして照らしてみるとどうだろう。

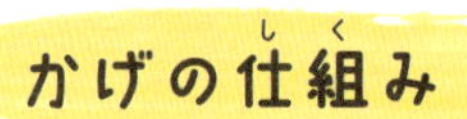

かげの仕組み

光はまっすぐに進む。不透明な物があるとそこで止まり、かげができる。だけど、かげのふちがくっきり映らないのはなぜだろう。懐中電灯などの光は、光る面全体から光線が出ていることがその理由なんだ。一点からだけの光ではないから、さえぎられる光線もあれば、そうではない光線もあるため、ふちがぼやけるんだね。

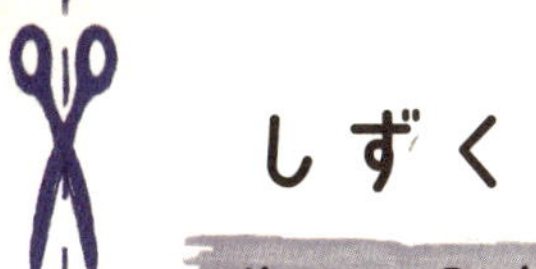

しずくのレース

やってみよう！

このページを切り取り、平らなところに置く。星印の場所に実験する液体を何てきかたらす。紙を持ち上げ、たらしたしずくが流れるようにする。始める前に、どの液体がいちばん速いか予想してごらん。

しずくの迷路

やってみよう!

うまく流れそうな液体を選び、迷路を進ませよう。

しずくのレース、結果発表

どの液体がいちばん速かった？
結果をここに書こう↓

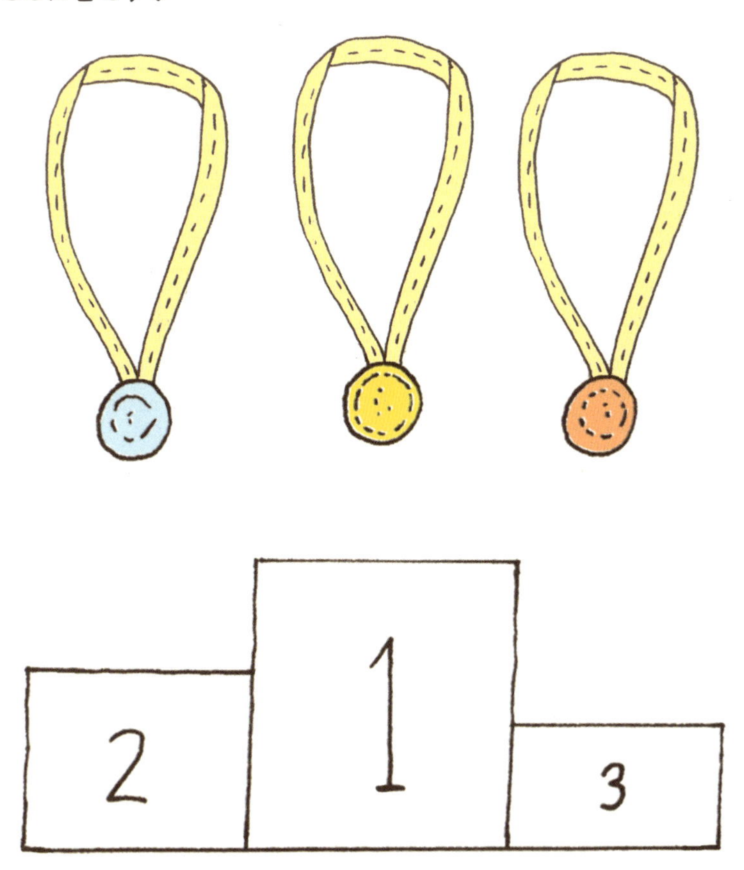

液体の速さとねばり気

はちみつはドロッとして、水よりねばり気があるね。液体の流れる速さを測ると、ねばり具合がわかるんだ。

ねばり気の強さは、液体中の分子どうしがどれくらい楽に動けるかによって決まるよ。たくさんの原子からなる分子は動きにくく、原子の数が少ない分子のほうがよく動くんだ。

液体洗剤でモーターボート実験

表面張力を利用して、ボートをかっこよく発進させよう。
水を張った大きなたらいかバスタブ、食器洗い用液体洗剤を用意する。

やってみよう！

1　右ページのボートの型を切りぬく。水を張ったバスタブのはじに、ボートを静かにうかべる（ボートに水が入らないようにそっとだよ）。

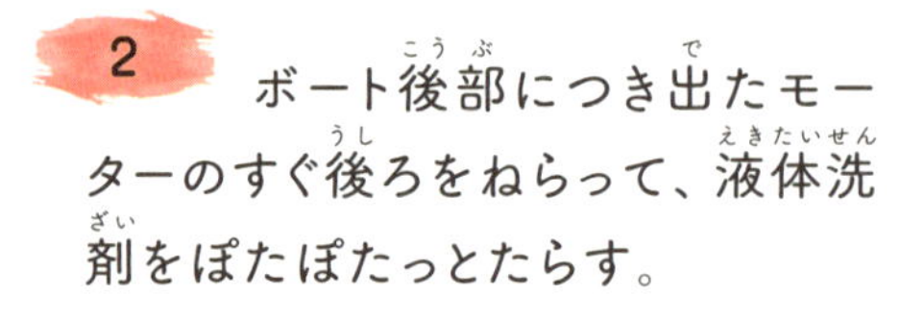

2　ボート後部につき出たモーターのすぐ後ろをねらって、液体洗剤をぽたぽたっとたらす。

ボートはスーッと発進した？

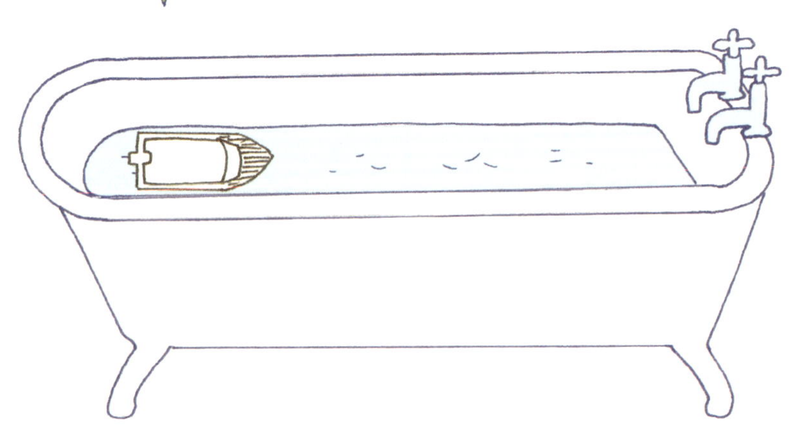

どうしてボートが動くの？

水の表面の分子はくっつき合っているよ。これは「表面張力」といって、水にまくが張っているようなもの。ボートは水の前後からまくの力でそれぞれ前と後ろに引っ張られているから動かない。液体洗剤はそのまくを絶ち切ってしまう。後ろのまくが破れると、後ろに引っ張る力がなくなってしまうので、ボートが前に進むんだ。

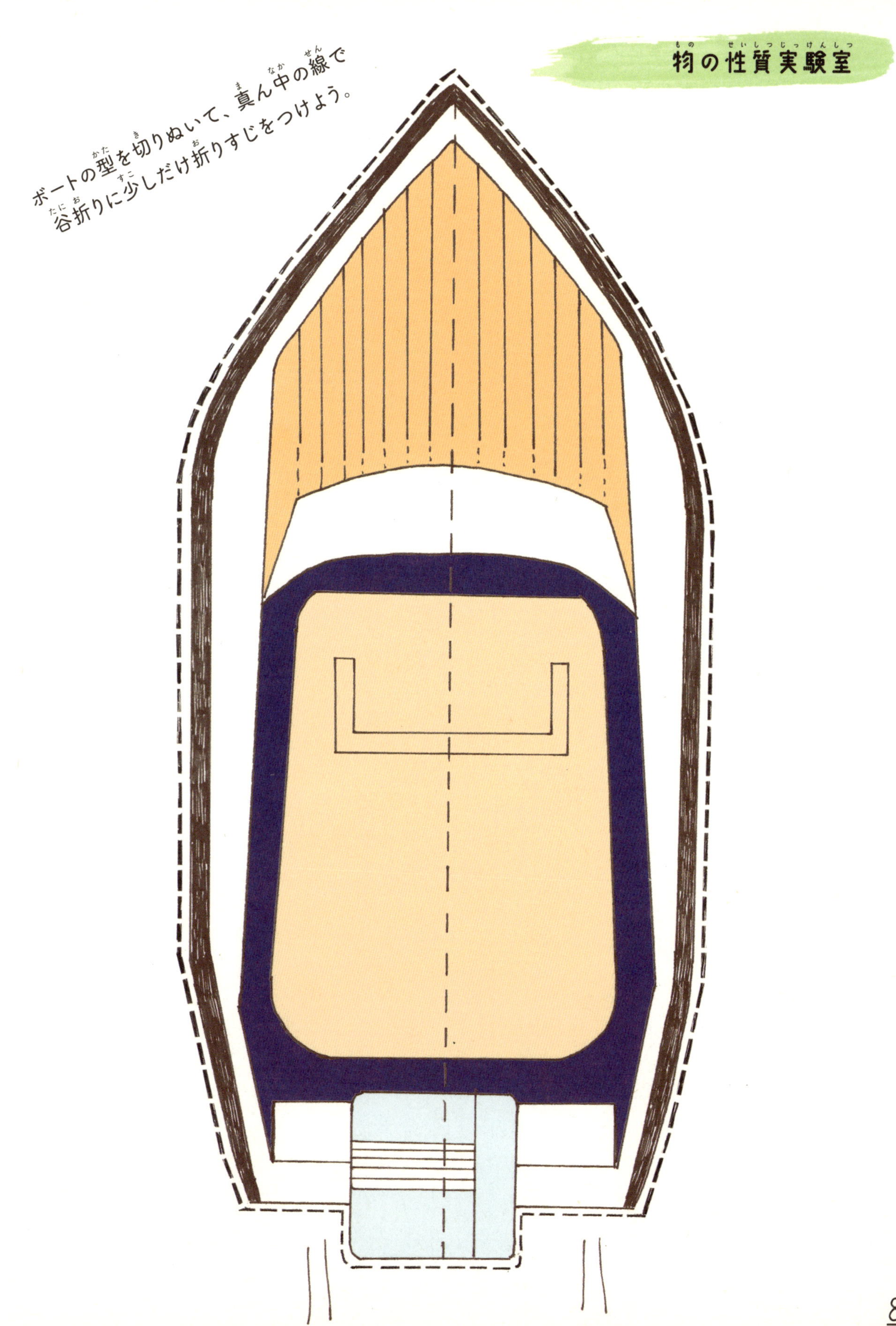
ボートの型を切りぬいて、真ん中の線で
谷折りに少しだけ折りすじをつけよう。

本を楽器にしよう〈パート2〉

やってみよう!

このページを使い、なるべくたくさんの、いろいろな音を出してみる。
破いたり、くしゃくしゃに丸めたり、力いっぱい引っ張ったり…
さあ、めちゃくちゃにやってみよう。

ここを破く

ここをしわくちゃに

パタパタさせて!

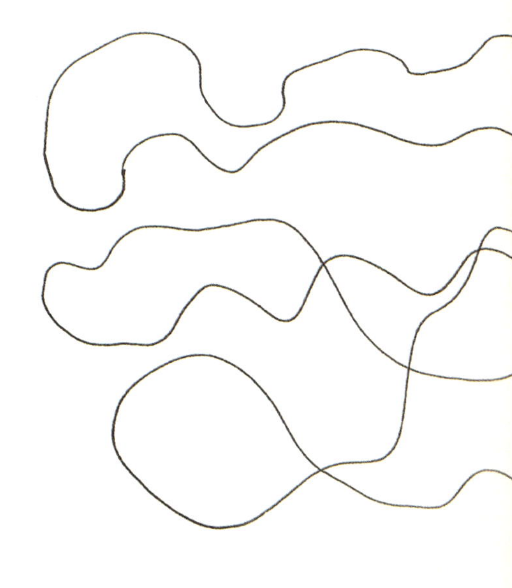

もっとくちゃくちゃに!

ここを引っ張る

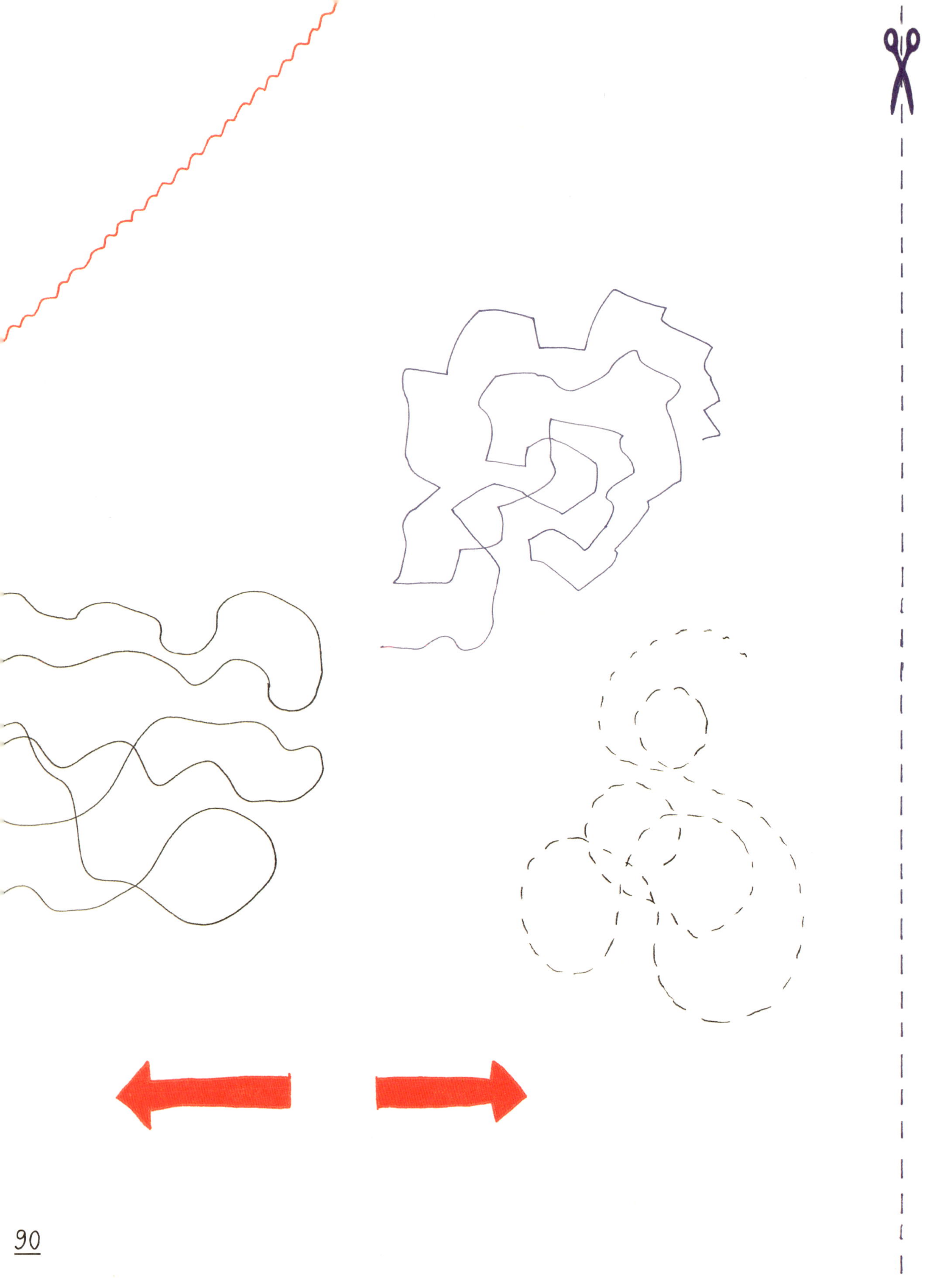

紙ぶえを作る

やってみよう！

ビィビィ鳴る紙ぶえや紙てっぽうを使ってうるさい音を出し、悪い意味でみんなの注目を集めよう。

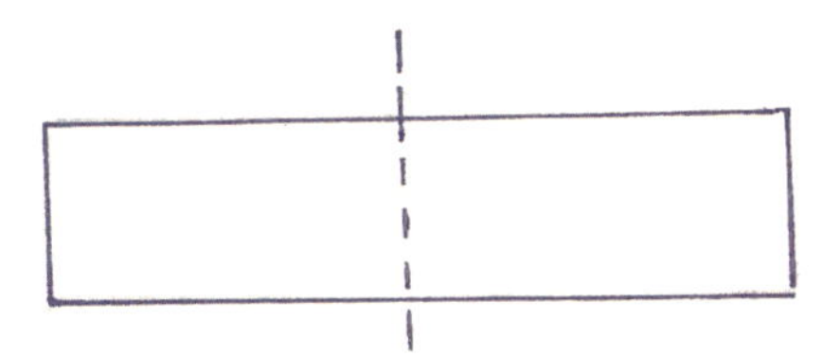

1　8センチ×20センチくらいの紙を用意し、図のように半分に折る

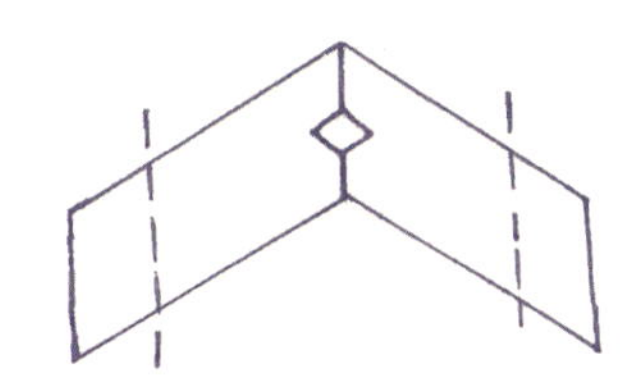

2　折ったままで、折り目の真ん中を小さく三角に切りぬく

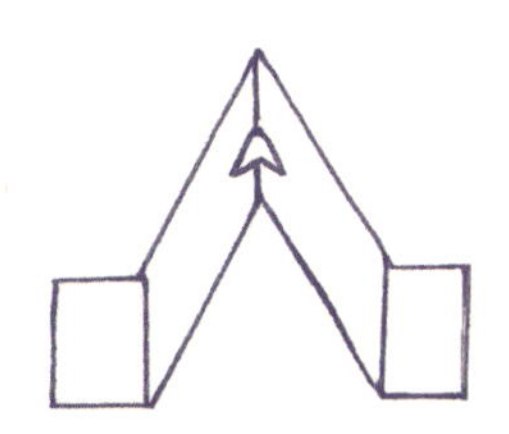

3　両はじを折って指で持つところを作る

4　両はじを指ではさむように持ち、閉じたくちびるに紙ぶえを当てて吹く。すごい音が出るぞ。ついでにヘン顔をすると効果的だ。

どうしてこんな音が出るの？

紙ぶえに息を吹きこむと、中で乱気流が生まれて、紙が内側にへこんだり、外側にふくらんだりする。これが何回もすごい速さでくり返され、その振動がビィビィとかキューキューとかいう音になるんだ。

紙てっぽうを折る

やってみよう!

右のページを切り取って、紙てっぽうを折ろう

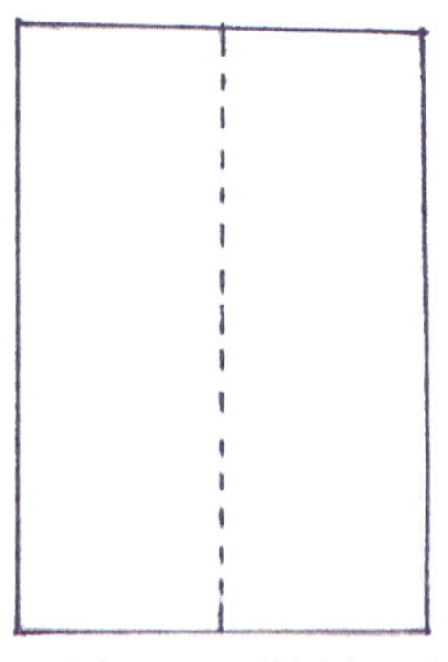

1　紙をたて半分に折り、折りすじをつける

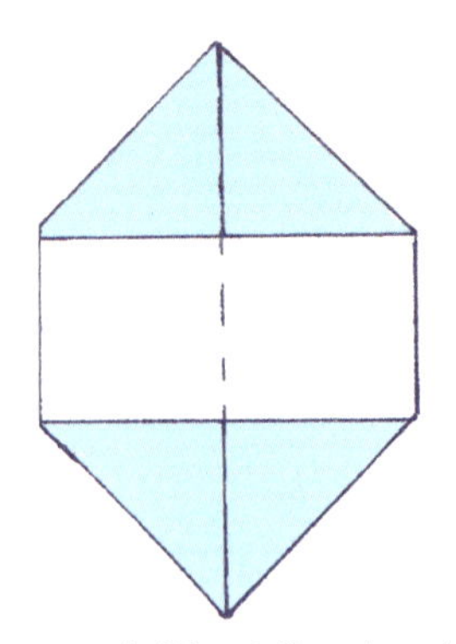

2　四方の角を真ん中の線に合わせて折る

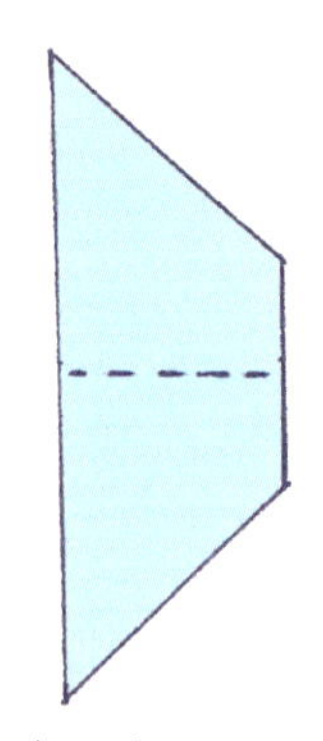

3　真ん中の線で、たて半分に折りたたむ

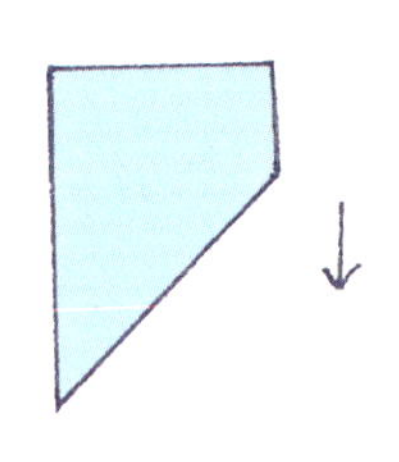

4　上の頂点を下の頂点に合わせるように折る

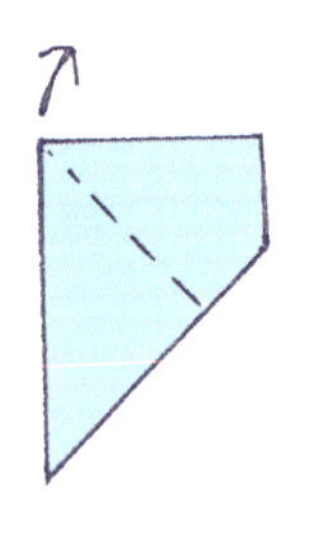

5　下の頂点から1枚を折りもどして大きな三角形を作る

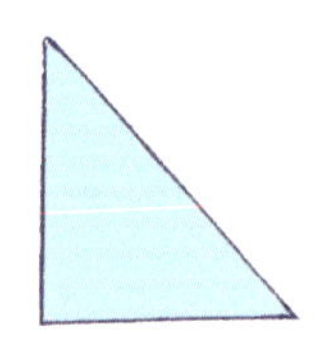

6　裏返してもう一方の頂点を折り上げると、小さい三角形になる

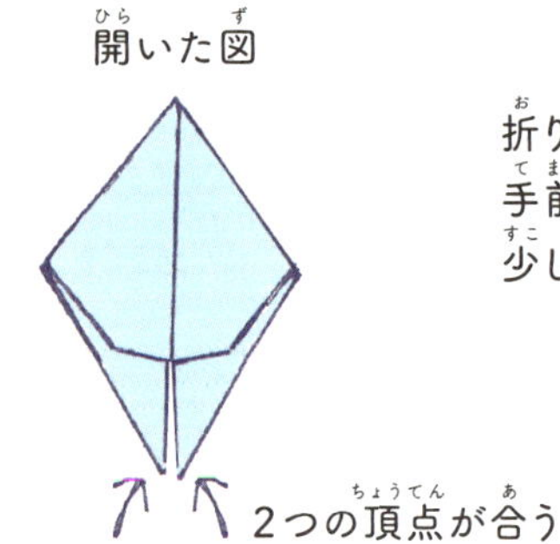

7　直角の頂点を開くと図の通り

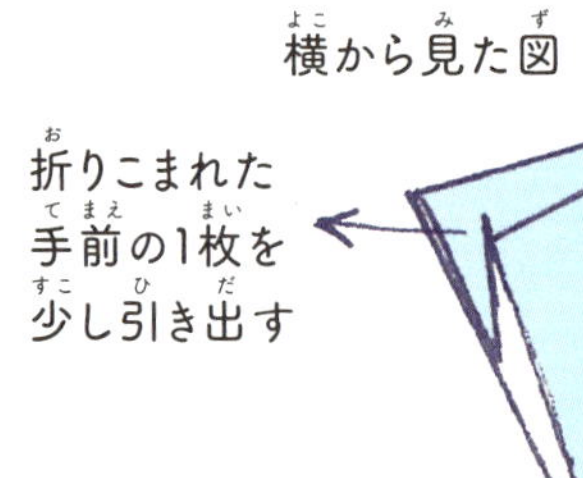

8　2つの頂点を重ねて持ち、中の紙を少し引き出して音を出しやすくする

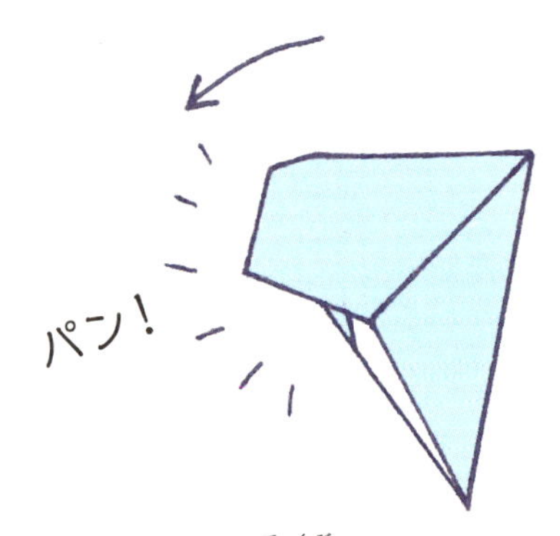

9　手首をさっとふりおろすと、たたまれていた紙が開いて、パン!

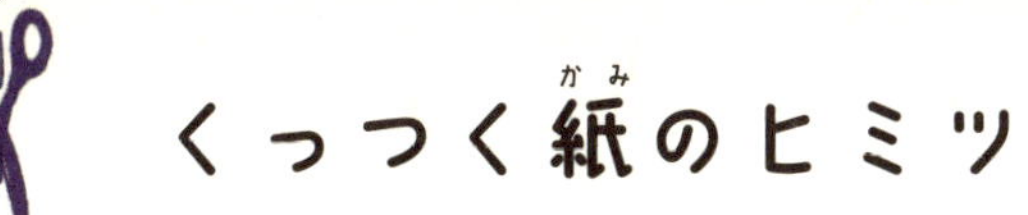

くっつく紙のヒミツ

やってみよう！

1

このページをビリビリ破いて小さくする。なるべく小さく、細かくね。
そう、このページを破くんだ！　破いたら、破片を平らなところに置いてね。

2

プラスチック製のくしまたは風船を用意し、毛糸や髪の毛でこすって静電気を帯びさせる。破いた紙に静電気を帯びた物を近づけると、ほら、紙がおどり出したでしょ。

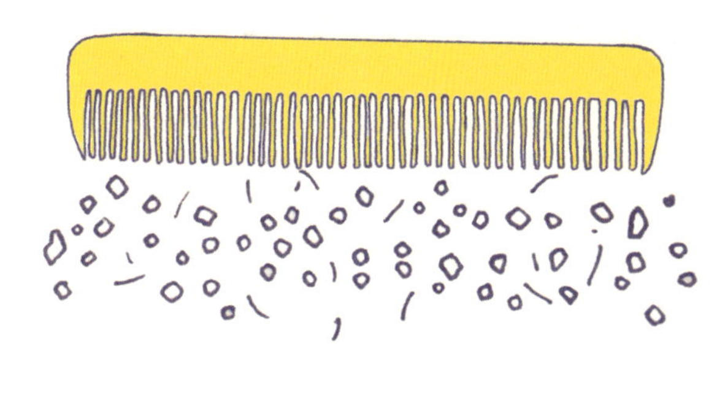

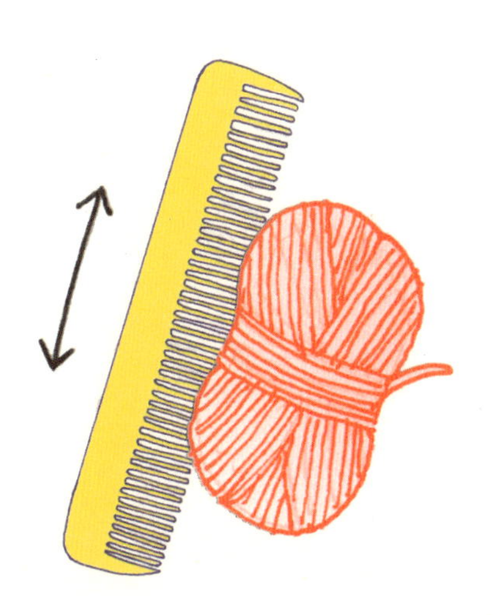

じゃあ
またね！